北京市海淀区社区教育系列教材

编写委员会

主　　任：张卫光　孙　鹏

副主任：王建忠

编　　委：程洪莉　韩立凡　潘四发　王春乐　石玉玲

总主编：王建忠

副总主编：程洪莉

北京市海淀区社区教育系列教材

轻轻松松学电脑

QING QING SONG SONG XUE DIAN NAO

海淀区教育委员会 组编

主编 丁春阁

编者 吴民 唐茜 柴斌

北京师范大学出版集团
BEIJING NORMAL UNIVERSITY PUBLISHING GROUP
北京师范大学出版社

图书在版编目(CIP)数据

轻轻松松学电脑／丁春阁主编. —北京：北京师范大学出版社，2010.10

ISBN 978-7-303-11582-2

Ⅰ. ①轻… Ⅱ. ①丁… Ⅲ.①电子计算机－基本知识 Ⅳ.①TP3

中国版本图书馆CIP数据核字（2010）第194406号

出版发行：北京师范大学出版社 www.bnup.com.cn
北京新街口外大街19号
邮政编码：100875

印　　刷：中青印刷厂
经　　销：全国新华书店
开　　本：184 mm×260 mm
印　　张：18.25
字　　数：243千字
版　　次：2010年10月第1版
印　　次：2010年10月第1次印刷
定　　价：29.00元（含光盘）

策划编辑：庞海龙　责任编辑：庞海龙
美术编辑：高　霞　装帧设计：北京翰艺堂文化传播有限公司
责任校对：李　菡　责任印制：张　坤

版权所有　侵权必究

反盗版、侵权举报电话：010－58800697

北京读者服务部电话：010－58808104

外埠邮购电话：010－58808083

本书如有印装质量问题，请与印制管理部联系调换。

印制管理部电话：010－58800825

序

海淀区是全国社区教育开展较早的地区之一，浓郁的教育氛围为社区教育发展提供了良好的环境。在区委区政府的领导下，海淀区在全市率先开展了0～99岁的终身学习服务体系建设，建成了以社区学院为龙头，以社区教育中心、社区教育学校为支撑，辐射684个市民学校的社区教育网络。形成了学前教育、青少年校外教育、职业教育、成人教育、老年教育的社区教育体系。多年来，海淀区社区学院、社区教育学校、社区教育中心长年为区域内居民开展学历教育、各级各类证书培训，下岗工人再就业培训、弱势群体免费教育培训等教育培训项目，受到社区居民的广泛欢迎。

2007年在北京市学习型城市建设领导小组的指导下，海淀区开展了学习型城区建设，通过大力发展社区教育、建设各级各类学习型组织、建设终身教育体系来建设学习型海淀。形成了以科研为引导，以社区教育品牌建设为载体的海淀社区教育特色。在教育部“全国终身学习日”和“北京市全民终身学习周”期间开展的“教育进社区”活动中，宣传“终身学习、快乐学习”理念，至今已经举办5届，总计超过45万人参加。“教育进社区”活动被评为全国社区教育优秀项目。

为了扩大社区教育受益群体，海淀区教委组织建设了“学习型海淀网”数字信息平台，免费为海淀区居民提供社区教育培训课程。目前，网上课程涵盖教育、经济、文化、科技等多个方面，方便了居民学习。2002年海淀区被评为北京市"发展社区教育促进学习化社区建设先进区"。2008年海淀区被评为全国社区教育示范区。

随着社区教育的深入开展，我们发现社区教育教材规范化建设逐步成为提升社区教育质量及社区居民素质的关键。为此，我们组织了社区学院和部分社区学校的优秀教师开展了社区教育课程的开发工作，并根据海淀区居民的特点，量身订制了一系列社区教育教材，经过多年的积累，这套教材才得以出版。

借此机会，感谢各级领导长期以来对海淀区社区教育的关怀与指导；感谢区各委办局、街道乡镇长期以来对社区教育的支持与帮助；感谢各位社区学校教师、社区居民和社区教育志愿者们的参与，你们的关心、支持和帮助是社区教育发展的动力，我们将努力打造海淀社区教育品牌，为进一步提升海淀区社区居民整体素质贡献我们的力量。

海淀区教育委员会

2010 年 9 月

前　言

本书采用活动式编写方式，使读者在具体的活动之中从零起步学习电脑的常用功能，轻轻松松驾驭电脑，成为使用电脑的高手。

第1章“认识电脑”，介绍了电脑的基本硬件组成，开关机的基本操作，重点介绍了鼠标操作。

第2章“操作系统 Windows XP”，介绍了目前最常用的 Windows XP 中文操作系统的基本使用，主要包括桌面、我的电脑、窗口、对话框，重点介绍了文件的操作及电脑的简单设置。

第3章“输入文字并不难”，介绍了键盘的使用，打字的基本操作，重点介绍英文字母、数字和符号的输入及基本的中文输入方法。

第4章“使用 Word 2003 学写作”，介绍文字处理软件 Word 2003 的基本使用，包括 Word 2003 的界面及启动和退出，重点介绍 Word 2003 基本操作，如文本输入、修改、选定、移动、复制、文字的查找和替换、文字格式和段落格式设置、插入图片和艺术字、简单的打印设置等。

第5章“走进网络世界”，介绍上网的基本操作，包括浏览器的启动和关闭，基本浏览操作，搜索并保存信息，收藏夹的使用等。

第6章“网上生活娱乐多”，介绍了网上生活的一些基本应用，如网上听音乐、看电影、聊天、玩游戏、收发电子邮件等。

第7章“电脑安全与简单维护”，简单介绍了电脑的安全常识，包括维护常识、良好的使用习惯、病毒介绍和基本防范，重点介绍了360安全卫士的使用。

本书适合年龄较大的计算机初学者，特别适合作为社区教育培训教材，也可以作为老年大学培训教材。

由于编写时间有限，书中难免有不足之处，恳请广大读者批评指正。

目录

第 1 章　认识电脑

第 2 章　操作系统 Windows XP

第3章　输入文字并不难

第 4 章　使用 Word 2003 学写作

第5章 走进网络世界

第6章 网上生活娱乐多

第1章 认识电脑

读书笔记

学习重点

1. 电脑的概念。
2. 电脑的组成。
3. 正确开、关机。
4. 鼠标——屏幕定位装置。

1.1 电脑

1.1.1 什么是电脑

电脑是对微型计算机的通俗叫法，微型计算机是计算机家族中的小弟弟，它在20世纪70年代最后诞生，它的兄长有小型计算机、大型计算机、巨型计算机等。

电脑从诞生开始，由于其体积小，应用越来越广泛，逐渐走进家庭，所以它还有一个名字叫个人计算机(PC，personal computer)。现在随着计算机技术的飞速发展，电脑一般分为台式机电脑和笔记本电脑两种，如图1-1和图1-2所示，近来又出现了平板电脑等新成员。

1.1.2 如何学习电脑

电脑的应用非常广泛，在商务、办公方面的应用在这里就不多说了。作为家庭个人使用，电脑主要用于上网浏览新闻、交流、娱乐和文档处理等。

读书笔记

图 1-1　台式机电脑

图 1-2　笔记本电脑

应该说，电脑的使用是非常简单的。现在，为方便使用，电脑屏幕上显示的都是图形、图片，通过鼠标、手写板、键盘等工具进行指挥和操作，所以要想学会使用电脑，主要从以下 4 个方面注意。

（1）熟练使用鼠标，包括指向（即移动鼠标指针）、单击、双击、右击、拖曳、滚动滚轮。

（2）观察了解屏幕上的各种图形、图片、文字、动画的位置和所代表的意思。

（3）大胆试着用鼠标去单击屏幕上的图形、图片、文字、动画后能做什么，屏幕上发生什么变化。

（4）看清读懂操作中屏幕上出现的各种提示，并按提示进行选择、操作。

总而言之，就是在熟练鼠标操作的基础上，观察后操作，大胆尝试，操作中观察。

1.2　电脑的组成

1.2.1　人机交互的界面——显示器

显示器是人机交互界面的主要设备，通过显示器可以看电影，浏览网页，聊天等，一句话，通过显示器可以了解计算机的工作进程。

读书笔记

现在常用的显示器分为显像管显示器(CRT)和液晶显示器(LCD)两种(如图 1-3 和图 1-4 所示),不论从环保的角度还是个人眼睛的保护的角度来看,液晶显示器都比显像管显示器具有优势,现在液晶显示器的应用已经成为主流。

图 1-3　显像管显示器

图 1-4　液晶显示器

电脑的操作画面、提示、结果都会显示在显示器的屏幕上,它是我们与电脑之间进行交流的最主要的帮手。

1.2.2　计算机的主体——主机

前面我们说过,计算机主要有台式机和笔记本两种,台式机的组成中有一个箱子,显示器、键盘、鼠标、手写板、音箱等都连接到这个箱子上,这个箱子就是台式机的主机,如图1-5 所示。在这个箱子里放着计算机必不可少的核心部件,如主板、CPU、硬盘等。由于工作过程中会产生大量的热

图 1-5　主机外观

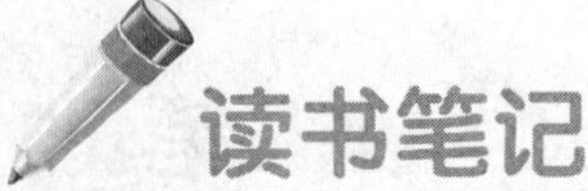

量，为了降温，主机箱的后部还会安装风扇来散热。而笔记本电脑把这个箱子压缩了，全部放到了笔记本键盘下面的空间里，很厉害吧。不过电脑的移动性提高了，可是这样会损失一些性能指标。

1.2.3 最重要的输入工具——键盘和鼠标

键盘和鼠标是电脑的最主要的输入设备，如图 1-6 所示。台式机的键盘是一个独立的组件，通过键盘上的连接线与主机相连，而笔记本的键盘是固定在下半部机身上的，所以不能像独立的键盘那样宽大，有一些功能就要通过更多的组合键来实现（见第 3 章中的键盘使用）。

图 1-6 键盘和鼠标

鼠标的名称是从它的形状而来的，台式机和笔记本都可以使用独立的鼠标，通过连接线或无线方式连接到主机。而笔记本上还会有触板、导向杆等鼠标的替代品，它们的功能与鼠标一样，只是工作原理稍有不同，这里不作详细介绍。

1.2.4 有它才能听——音箱和耳机

用电脑看电影、听音乐已经成为我们日常生活中的一件乐事，那么音箱和耳机也就成为了电脑的一部分，如图 1-7 所示。如果主机本身没有内置音箱的话，就一定留有外接音箱或耳机的接口。这些接口都是标准的，外置的音箱和耳机可以直接通过其自身的连接线与主机相连。

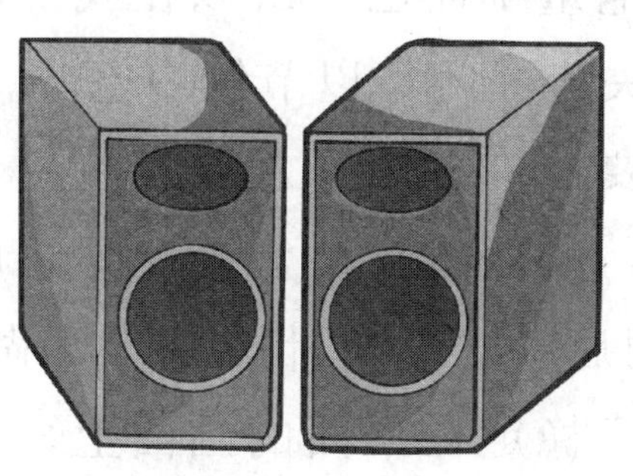

图 1-7　音箱和耳机

1.2.5　其他设备

图 1-8　手写板

手写板：用于电脑识别手写文字的装置，如图 1-8 所示。使用它，我们不用拼音、五笔等输入法，直接在手写板上写字，通过手写板的识别，将文字输入电脑。

语音输入设备：用于电脑识别声音来输入文字的装置。

1.3　电脑的基本操作

1.3.1　如何正确地开机

知识讲解

现在电脑的电源都是所谓的 ATX 电源，电源开关不是简单的通断开关，而是一个信号发生器。当我们按下电源开关时，这个开关会产生一个信号给电源，让它开始给主板供电。也就是说，只要我们的电脑电源连接在开启的插座上，它始终在工

读书笔记

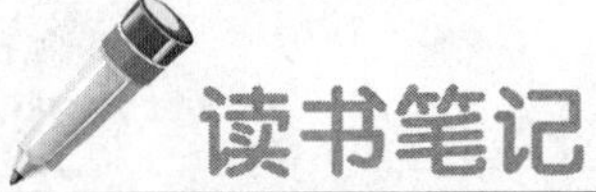

作，只是关机状态下耗电量小而已。所以在我们不使用电脑时，电源的开关应关闭，以节约用电。

主板接通电源后，要做许多工作，如自检硬件设备、启动操作系统等，所以按下电源开关后，电脑需要 1～2 分钟的时间启动，此时什么都不必做，等到在屏幕上显示的内容稳定在桌面的画面上，启动就完成了。

学习园地

任务　正确开机

步骤 1. 确认电脑电源线已连接并且电源开关已打开。

步骤 2. 打开显示器电源开关，确认显示器已打开。

步骤 3. 按下主机电源开关(不同的机箱，电源开关的位置、形状会有所不同，但一般都在主机箱的正面或顶部的前端)，观察屏幕上的变化。开机过程一般屏幕上会顺次出现以下几种画面：开始是黑底白字的一些英文，主要内容是本台电脑的一些硬件信息，这表示电脑在启动前进行硬件的自检；而后进入操作系统的启动画面，是彩色的，有 Windows 字样，还有运动的进度条；之后电脑就会进入桌面的画面(具体内容详见第 2 章)，这时电脑启动就基本完成了。

练一练

活动　请您按一下主机上的开关，启动电脑，观察一下您的电脑的开机启动过程。

读书笔记

知识扩展

开机我们要做的只是按一下电脑的开关，启动过程是由电脑自己完成的，但在此过程中我们就要开始认真观察显示器上内容的变化了。

另外，电脑如果设置了用户密码，开机时就会出现等待输入密码的画面。此时，只要正确输入密码就可以进入桌面了。

1.3.2 正确的鼠标操作

知识讲解

1. 屏幕定位装置——鼠标

屏幕是我们操作电脑的人机对话界面，通过鼠标控制电脑，就是通过对鼠标光标所指向的按钮、文字、菜单、链接等对象进行相应的操作，如单击、双击等。鼠标也叫做屏幕定位装置，当然鼠标只是屏幕定位装置的一种。

现在我们最常用的鼠标是光电式鼠标，它是通过计算鼠标中发光管反射的光线在纵向和横向的移动数据来确定屏幕上鼠标指针的移动方向和距离的。

另外，按照鼠标连接方式可以分为有线鼠标和无线鼠标。

2. 鼠标的正确握法

鼠标的外形观察：鼠标形似老鼠，前、后略薄

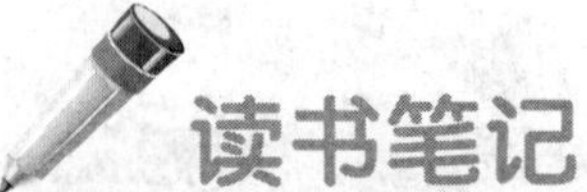

而尖窄，中间略厚而宽，前端有两个按键，一般在两个按键中间有一个滚轮，如图 1-9 所示。

一般我们是使用右手来操作鼠标的。右手的拇指和无名指握住鼠标的两侧，握的位置以食指和中指能自然地放在鼠标前端的左、右两个按键上为标准。移动鼠标时拇指和无名指带动鼠标进行移动，食指和中指放松。注意此时不要将鼠标下表面离开鼠标垫或桌面，移动过程中食指和中指是放松状态，不用力，如图 1-10 所示。

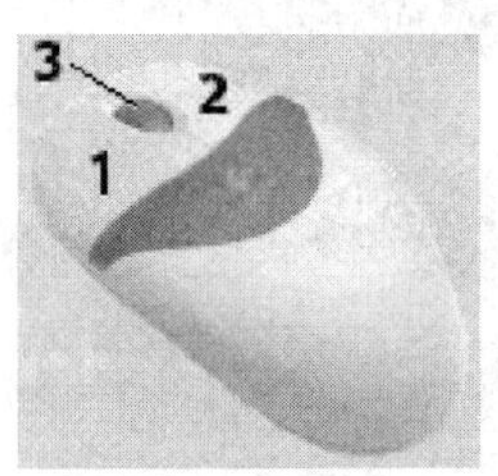

图 1-9　鼠标外观

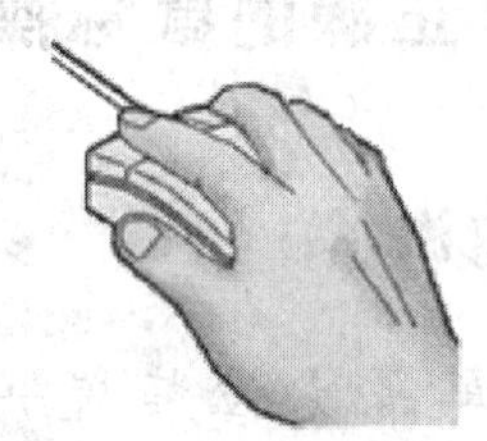

图 1-10　鼠标的握法

3. 鼠标操作方法

在 Windows 操作系统中我们可以使用鼠标对屏幕上的任何对象进行操作，常用的操作方式如下。

(1)指向：将鼠标指针移到一个操作对象上，通常会激活对象或显示该对象的有关提示信息，例如，将鼠标指针指向“开始”按钮，就会出现“单击这里开始”的提示信息。

(2)单击左键：简称单击，将鼠标指针指向选择的对象，用手指按下鼠标左键，然后立即放开。此操作用于选择一个对象或执行一个命令。例如，执行菜单栏中的命令项，切换任务栏中“活动任务区”的不同任务，选择当前活动窗口等。

读书笔记

(3)双击左键：简称双击，将鼠标指针指向要选择的对象，然后快速连按两次鼠标左键，可以用来运行一个程序或打开一个窗口。例如，双击打开“我的电脑”窗口等。

(4)单击右键：简称右击，将鼠标指针指向某一对象，单击鼠标右键，可以弹出一个快捷菜单，快捷菜单中列出的命令项是对该对象常用的一些操作，指向的对象不同，弹出的快捷菜单也不同(快捷菜单将在第2章介绍)。

(5)拖曳操作：将鼠标指针指向某个对象，按住鼠标左键不放并拖曳到一个新位置，然后松开鼠标左键。通常是用鼠标拖曳一个对象(图标、还原状态的窗口或对话框)到一个新的位置。

4. 不同鼠标指针的含义

鼠标指针在指向不同的对象、对象的不同位置时会有不同形状，它们具有不同的含义，要特别注意观察。表1-1列出了一些常见的鼠标指针及其含义。

表1-1　鼠标常见指针含义

指针形状	名称	含　　义
	正常指针	一般情况下鼠标指针为正常指针
?	帮助选择	当单击了“帮助”按钮时，鼠标指针的形状，此时可以单击对象以了解该对象的作用
	后台运行	当电脑后台有其他任务时，鼠标指针的形状，此时仍可操作鼠标

读书笔记

续表

指针形状	名称	含义
⌛	忙	表示电脑工作已满负荷，此时不能进行操作
I	文本操作	在文本软件(如 Word、记事本等)中进行操作时，鼠标的形状
⊘	不可用	表示鼠标所指对象不能进行任何操作
↕	垂直调整	当鼠标指针指向窗口上下边缘时，若变成此形状，即可拖曳鼠标以调整窗口的高度
↔	水平调整	当鼠标指针指向窗口左右边缘时，若变成此形状，即可拖曳鼠标以调整窗口的宽度
↘	沿对角线调整(一)	当鼠标指针指向窗口角点时，若变成此形状，即可拖曳鼠标同时调整窗口的高度和宽度
↙	沿对角线调整(二)	当鼠标指针指向窗口角点时，若变成此形状，即可拖曳鼠标同时调整窗口的高度和宽度
✥	移动	当鼠标指针指向某对象时变成此形状，即可拖曳鼠标，将该对象移动位置
👆	链接选择	当鼠标指针指向某对象时变成此形状，说明该对象是个超链接，单击即可打开链接页面

练一练

我们通过游戏来练习一下鼠标的使用。

活动 1 灭蚊英雄。

这个游戏主要是练习鼠标的指向和单击。

读书笔记

游戏“灭蚊英雄”的规则如下：通过鼠标控制蝇拍(鼠标指针)去打(单击)飞动的蚊子，如图 1-11 所示。每打中一只蚊子得 100 分，蚊子的移动速度随着得分的升高而加快，得分每超过 1 个 1000 分速度就会加快一些。

图 1-11 “灭蚊英雄”游戏的界面

如果有 5 只蚊子没有被打中，则游戏结束。

步骤 1. 游戏已经打开，界面如图 1-12 所示。

图 1-12 “灭蚊英雄”游戏界面

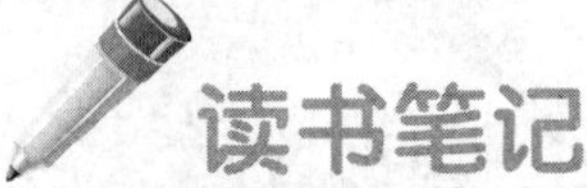

步骤 2. 单击游戏界面中的“开始”按钮即可开始游戏。游戏配有音乐，而且有配合击打时的音效。

步骤 3. 有 5 只蚊子逃跑后，游戏结束，显示如图 1-13 所示。

步骤 4. 重新开始游戏，单击“再来一次”按钮。

图 1-13　游戏结束界面

注意：游戏时间不要玩得太长，玩一会儿要休息一下。

步骤 5. 要关闭时，单击窗口右上角的“关闭”按钮☒。

活动 2　纸牌游戏。

这个游戏主要是练习鼠标的指向、单击、双击、拖曳操作。

这个游戏我们在日常生活中也可以玩，用的就是普通的扑克牌。发牌的时候，第一行摆 7 张牌，第一张翻开；第二行从第二排开始摆，每张都压在第一行的牌上，同样是第一张翻开；以此类推，直到最后一排的一张翻开。在电脑上玩，发牌的过程由电脑完成，发完牌后的结果如图 1-14 所示。

读书笔记

图 1-14　纸牌游戏示例

发好牌以后，我们手里还会剩下 24 张牌(没有大、小王)，在电脑中这些牌都摞在一起放在左上角。

下面我们介绍一下这个游戏的规则。

(1)这个游戏的目标是要把所有的牌，按照花色从小到大(A 最小，K 最大)排列起来。在电脑中就是要把各种花色的牌由小到大放到右上角的 4 个格子中。

(2)为了把扣着的牌都翻出来，可以按从小到大的顺序把牌连起来，但要黑红相间。如黑 Q 可以移动到红 K 下面，红 10 可以移动到黑 J 下面。翻开的牌可以只要按大小红黑相间，可以一起移动。**移动时使用鼠标拖曳。**

(3)把牌移走后，露出的扣着牌就可翻出来了。**翻牌时使用鼠标单击。**

(4)当有空排，同时有 K 翻出时，K 及以下的

牌可移动到空排上。

(5)当牌面上没有可以移动的牌时，可以翻开左上角的牌，一次翻开三张(也可以设置成一次翻一张)，最上面的牌可以移动。如果最上面的牌移走后，下面的牌才可以动，否则只能再翻开左上角的牌。

下面我们就在电脑上来玩这个游戏。

步骤 1. 将鼠标指针移动到“开始”按钮 开始 上，即**指向**“开始”按钮，(在屏幕左下方)。

步骤 2. 单击鼠标左键一下(即**单击**)，电脑会打开“开始”菜单，如图 1-15 所示。

步骤 3. 鼠标**指向**“所有程序” 所有程序(P) 按钮(不用单击)，即会弹出“所有程序”下拉菜单，如图 1-16 所示。

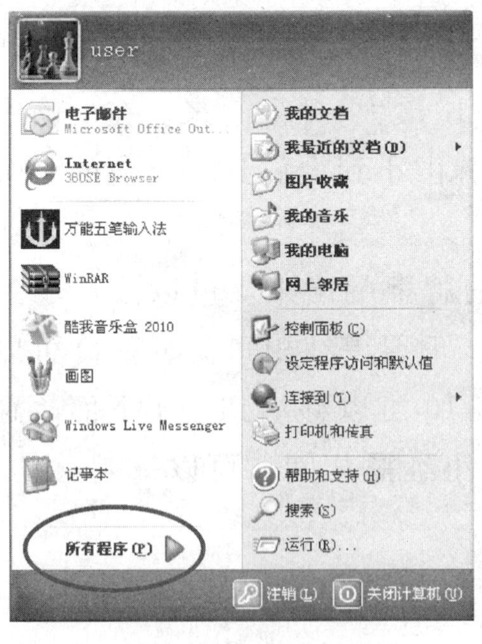

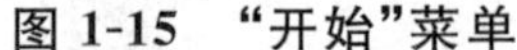

图 1-15 “开始”菜单　　图 1-16 “所有程序”菜单

步骤 4. 鼠标**指向**“所有程序”菜单中的“游戏”(不用单击)，会自动弹出“游戏”的下一级菜单，如图 1-17 所示。

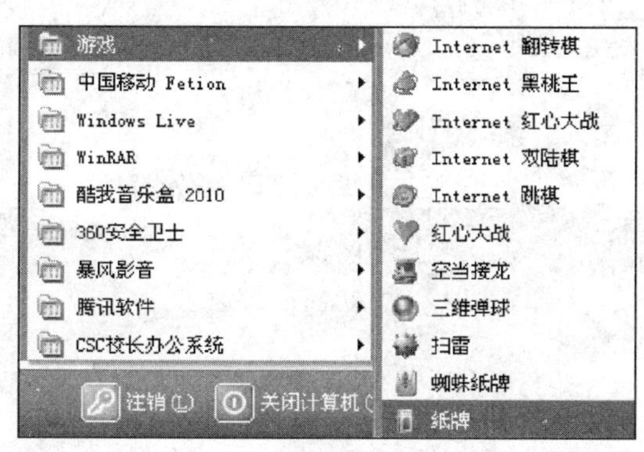

图 1-17　游戏下拉菜单

步骤 5. 将鼠标**指向**“游戏”菜单最下面的“纸牌”并**单击**，即可进入“纸牌”游戏。注意：在此**指向**过程中，鼠标指针要在“游戏”这一行水平移动，如果指针移到其他行的命令，会自动弹出其他行的下拉菜单。

步骤 6. 进入“纸牌”游戏后，会打开游戏窗口，此时，牌已经发好。要重新发牌可将鼠标指针指向窗口左上的“游戏”按钮，**单击**后，在下拉菜单中找到“发牌”命令，再**单击**“发牌”命令即可重新发牌，如图 1-18 所示。由于每次发的牌都不同，所以图 1-19 所示为某次发牌后的“纸牌”游戏窗口。下面我们就按这副牌的情况开始玩，您在练习的时候情况肯定不同，不过操作方法是一样的。

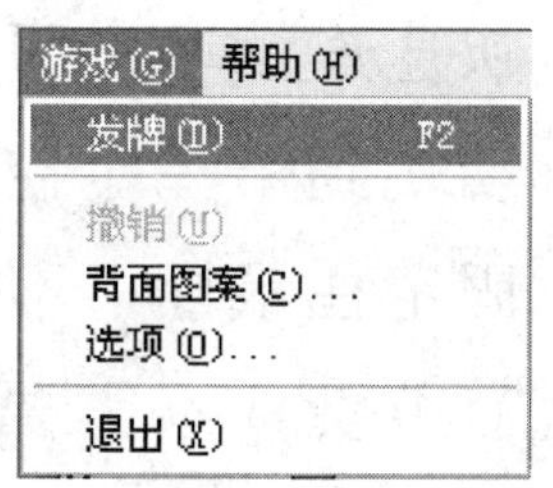

图 1-18　“纸牌”游戏的“游戏”菜单

读书笔记

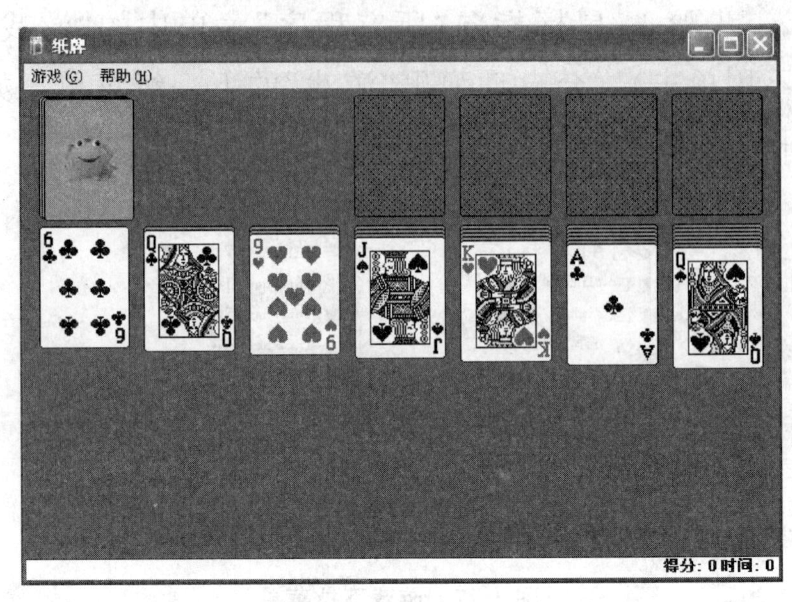

图 1-19　某次发牌后的"纸牌"游戏窗口

步骤 7. 按照规则，右上角的 4 个空格是按花色从小到大排列纸牌的，所以我们可以把第 6 排的草花 A 放到其中任意一个空格中。放的方法有两种：一种方法是将鼠标**指向**第 6 排的草花 A，然后快速连续单击两下鼠标左键(**双击**)，草花 A 就会自动跳到第一个空格内(注意**双击**时拇指和无名指要固定住鼠标，不要让鼠标移动，食指双击左键时要有节奏，不需要特别快)；另一种方法是将鼠标**指向**第 6 排的草花 A，食指点住鼠标左键不放，移动鼠标(**拖曳**)，此时草花 A 会随同鼠标一起移动，当移动到第一个空格时松开鼠标左键，草花 A 就会落在这个空格中，最终结果如图 1-20 所示。

步骤 8. 草花 A 移动到空格后，它压着的牌就可以翻开了。将鼠标**指向**第 6 排的这张扣着的牌，**单击**这张牌，它就会翻转过来，如图 1-21 所示。

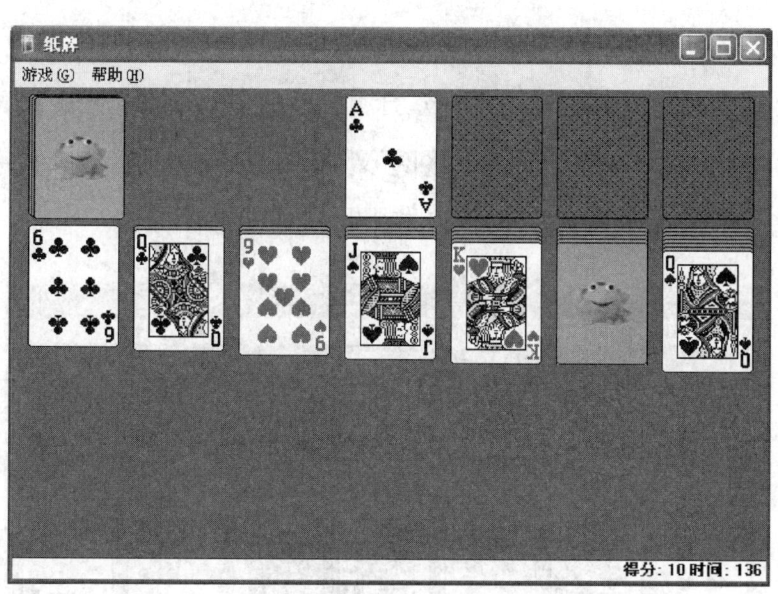

图 1-20 双击或拖曳草花 A 到第一个空格

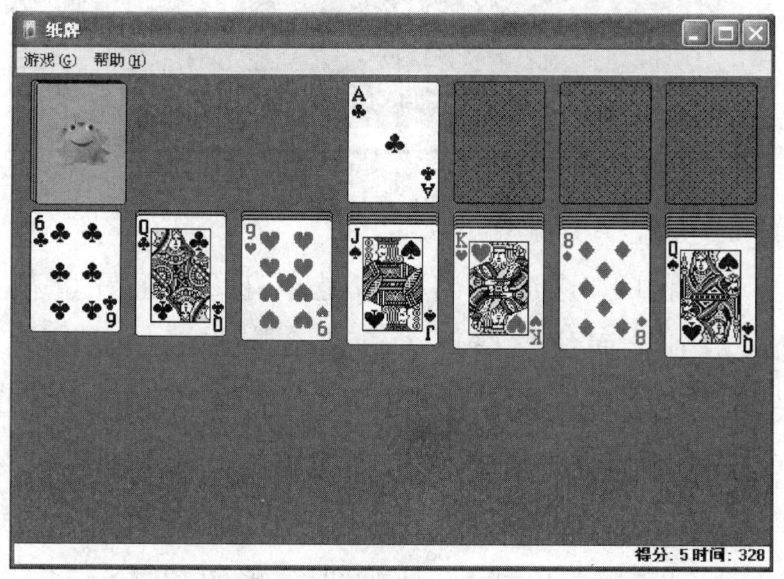

图 1-21 单击翻开扣着的牌(第 6 排的方块 8)

步骤 9. 此时牌面上有红 K(第 5 排的红桃 K)，还有黑 Q(第 7 排的黑桃 Q)，按照规则可以将黑 Q 移动到红 K 下面，操作方法：将鼠标**指向**第 7 排的黑桃 Q，食指点住鼠标左键不放，移动鼠标(**拖**

读书笔记

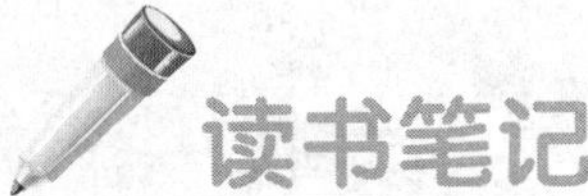

曳），此时黑桃 Q 会随同鼠标一起移动，当移动到第 5 排的红桃 K 下时松开鼠标左键，黑桃 Q 就会落在红桃 K 的下面。此时又可**单击**翻开第 7 排原黑桃 Q 压着的一张牌了，如图 1-22 所示。

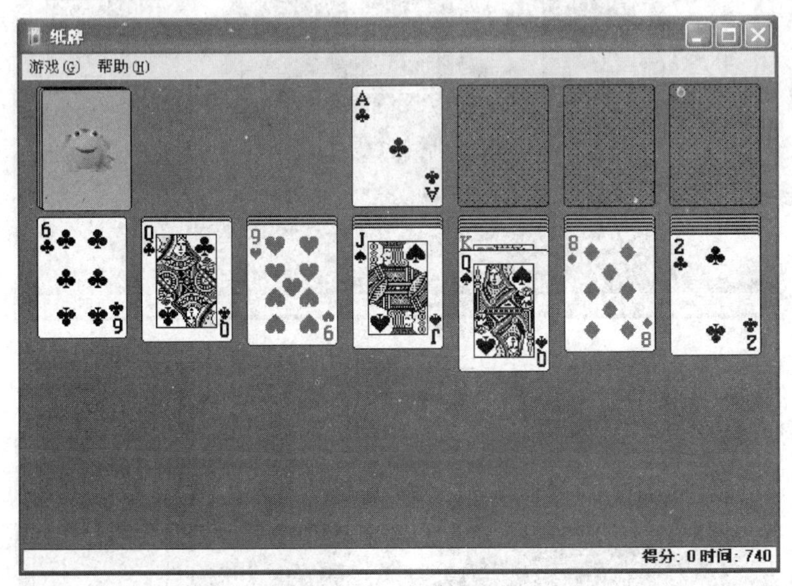

图 1-22　移动黑桃 Q 并翻开扣着的纸牌

步骤 10. 这次翻出的牌是草花 2，正好草花 A 已经放到上面的空格里了，那么草花 2 也可以放上去了。**双击**草花 2，就可以把它放到第一个空格的草花 A 的上面，再**单击**扣着的牌将它翻出来，如图 1-23 所示。

步骤 11. 这时翻出的牌没有能够移动的了。这时可以**单击**左上角的那一摞牌，翻出上面的 3 张牌，如图 1-24 所示。

步骤 12. 这时还是没有可移动的牌，这样就继续**单击**左上角的这摞牌，再翻出 3 张，如图 1-25 所示。

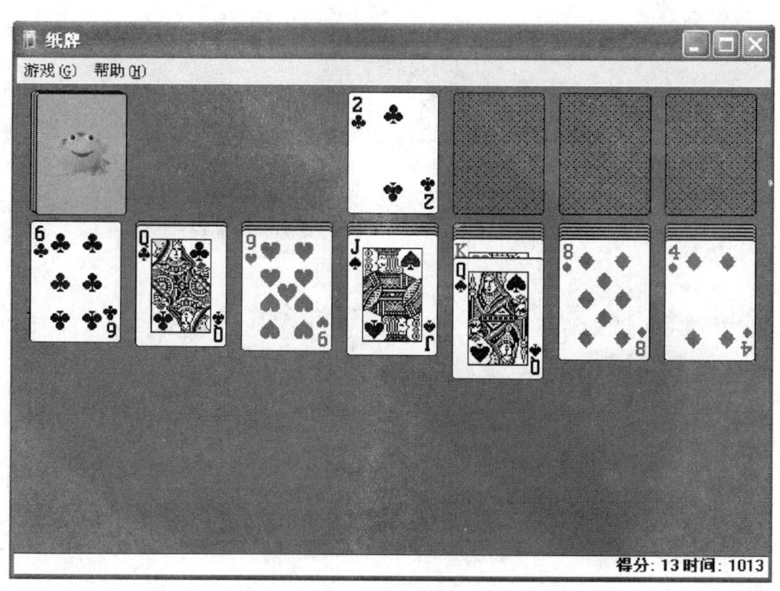

图 1-23　移动草花 2 并翻开扣着的纸牌

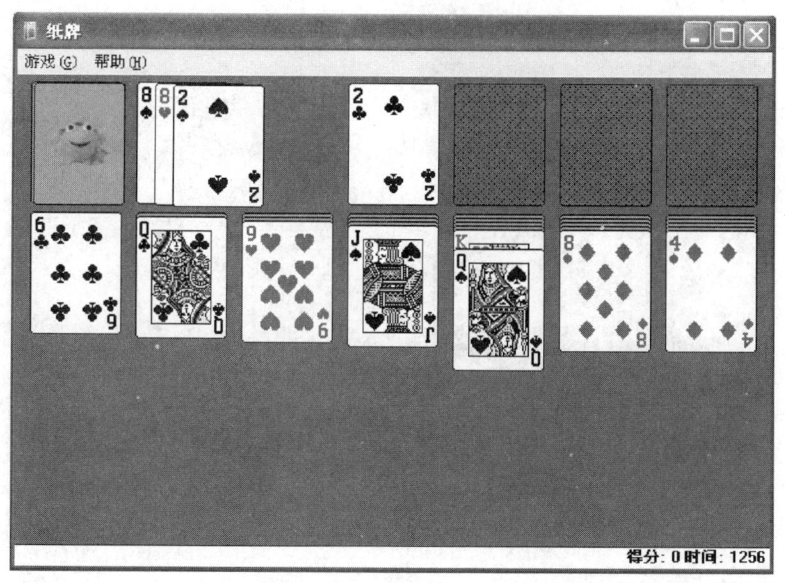

图 1-24　单击左上角的一摞牌，翻出前 3 张

步骤 13. 这次翻出的牌最上面一张是红 10(方块 10)，它可以移动到第 4 排的黑 J(黑桃 J)下面，如图 1-26 所示。

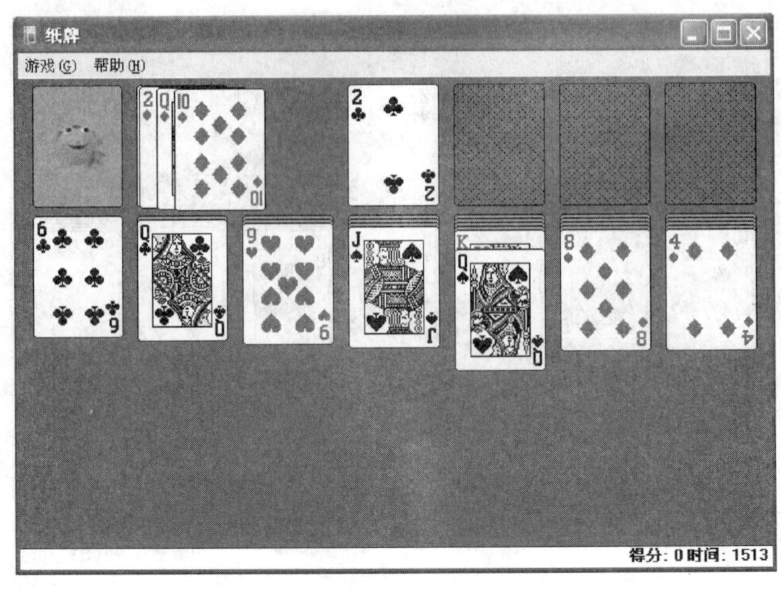

图 1-25 继续翻牌

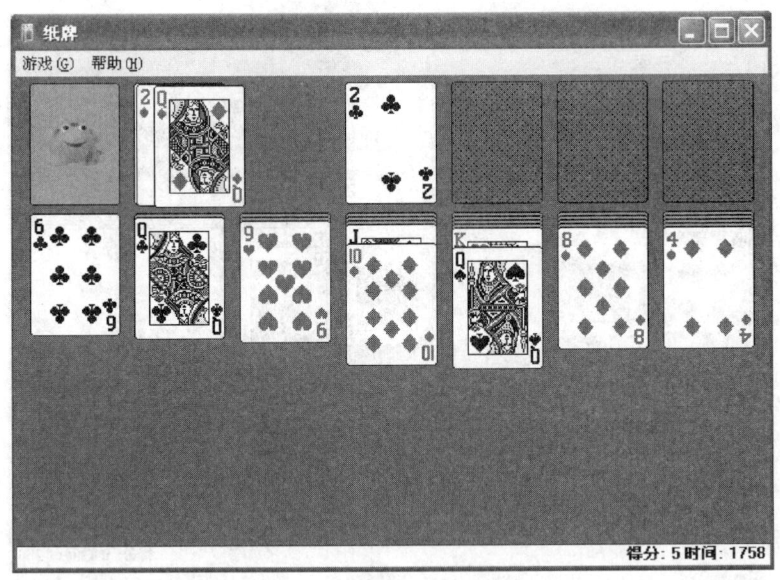

图 1-26 移动红 10 到黑 J 下面

步骤 14. 这时没有可以移动的牌了，就单击继续翻左上角的牌，在此过程中有可移动的牌就移动，没有就继续翻，当左上角的牌都翻出来时，显

示如图 1-27 所示。此时可**单击**翻牌处的空位(有圆圈的位置)，将翻过的牌翻回去。翻回去后可继续翻牌，这样循环下去。这样循环的结果有两种，一种结果是所有扣着的牌在移动过程中都翻出来，逐渐都移动到右上角的 4 个空格中，这个游戏就赢了；另一种结果是没有能移动的牌了，却仍有扣着的牌不能翻过来，那么这一局就输了。

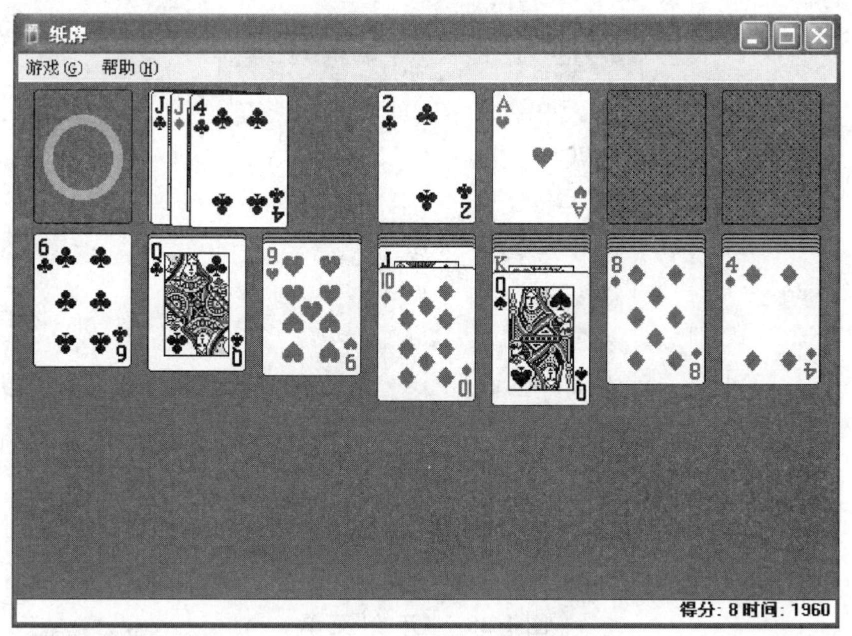

图 1-27　左上角牌全部翻出

1.3.3　如何正确地关机

知识讲解

电脑关机不是按电源开关，而是用鼠标进行关机操作。

读书笔记

学习园地

任务　正确关机

步骤 1. 将鼠标指针移动到“开始”按钮 开始 上。

步骤 2. 单击鼠标左键一下(即单击)，电脑会打开“开始”菜单，如图 1-28 所示。

图 1-28　“开始”菜单

步骤 3. 单击“关闭计算机”按钮，弹出“关闭计算机”对话框，如图 1-29 所示，单击其中的红色“关闭”按钮，电脑开始关闭所有程序和服务，此时屏幕上显示的是关机画面，如图 1-30 所示。

图 1-29　“关闭”对话框

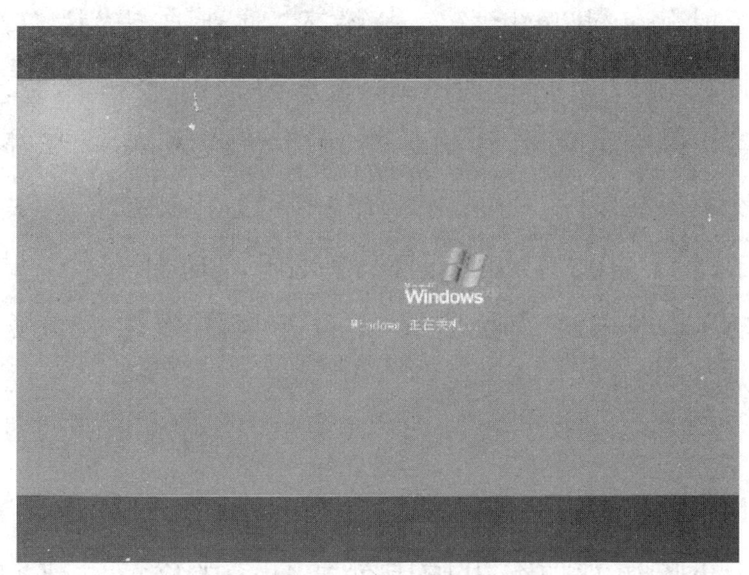

图 1-30　关机画面

读书笔记

试一试

前面“关闭计算机”对话框中，您是否观察到还有两个按钮？一个是黄色的“待机”；另一个是绿色的“重新启动”。

这里我们试一下在“关闭计算机”对话框单击绿色的“重新启动”按钮，结果会是怎么样的呢？

知识扩展

“关闭计算机”对话框有 3 个按钮，当按下“待机”按钮后，电脑将当前的状态保存起来，然后退出系统，此时电脑只维持最低的功能消耗运行；按一下电脑的电源开头就可以激活系统，电脑迅速恢复待机前的状态。这样电脑既可以节省电力消耗，又能快速开机并回到待机前的状态。所以待机适用

读书笔记

于短时停止电脑操作。当按下"重新启动"按钮后，电脑先执行关机操作，之后自动重新开机。"重新启动"一般发生在电脑运行过于缓慢或某一程序一直没有反应时。如果有程序一直没有反应，又关闭不了时，关机可以将其强行关闭，这时选择"重新启动"就可以连续执行关机和开机操作，不用更多地人工干预。

1.4 进阶练习——学习鼠标使用的小游戏

纸牌游戏所有电脑中都会有，比较适合我们练习鼠标的使用。其实有许多小游戏都是可以用来让我们在娱乐中学习鼠标使用的。下面介绍两款练习鼠标使用的小游戏。在练习鼠标的使用过程中，别忘了电脑学习的口诀："观察后操作，大胆尝试，操作中观察"。在这里您可以放心，一般的应用软件的操作是不会破坏电脑操作系统的。

1.4.1 兜财富——鼠标练习小游戏

步骤 1. 双击桌面上的"兜财富——鼠标练习小游戏"图标，打开游戏窗口，如图 1-31 所示。

步骤 2. 先看看窗口里有什么，中间有一段文字："游戏说明：左右移动鼠标接住下落的物体获得分数，游戏时间为 60 秒。各物体分值如下："，再往下看，红心加 5 分，房子加 2 分，钞票加 2 分，色子要减 5 分的。明白了？看看上面的小牛，把自己的背心撑得大大的，是要去接这些财富啊！

把鼠标在窗口里动一动，看看都有什么变化？

读书笔记

图 1-31　进入“兜财富——鼠标练习小游戏”

指向红心，显示了一行文字“最大的财富是人心!”，我同意；指向房子，显示“家庭是很重要的!”，没错；指向钞票，“没有钱可不现实哦!”，也没错；指向色子，“别走这一步!”，那是绝不能碰的。好，那就让我们多得到些财富吧。

单击“开始游戏”按钮，看看我们能接住多少财富。不错，95 分，如图 1-32 所示。

图 1-32　一轮游戏结束了

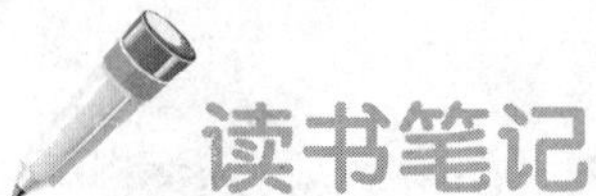

怎么样？您的鼠标移动又熟练了一点吧？再来一次？不过别让自己太累哟！

1.4.2 寻找史酷比

步骤 1. 双击桌面上的“寻找史酷比”图标，打开游戏窗口，如图 1-33 所示。

图 1-33 进入“寻找史酷比”

步骤 2. 啊，全是英文啊！没关系，您一样会玩的。把鼠标在窗口里动动看，哪儿都没有什么变化，哎，鼠标经过中间的梅花时，鼠标指针变成小手了，梅花也动了。什么意思？梅花下面有字，看不懂，有 Level1、Level2、Level3，那就先从 Level1 开始试试吧。单击“Level1”上面的梅花，画面变了，进入第一关，如图 1-34 所示。

图 1-34 进入第一关

读书笔记

步骤 3. 鼠标指针在窗口里始终是个小手，可是点哪儿都没用啊！中间有一堆英文，英文下面有个小箭头，点点试试……动了，画面又变了，如图 1-35 所示。

图 1-35 进入第一关闯关

步骤 4. 先观察一下，画面下部有一些英文字母，下面都有线，但有的线上没有字母，什么意思？灯在晃，蜘蛛在爬，还有只小蜘蛛会从天花板上下来又上去。管他呢，用鼠标点点试试看。有的东西点了就动了，有的东西点了以后出来一个字母，字母出来后就落到下面空着的横线上了，原来如此，就是把这些字母找出来，填满下面空着的横线不就行了，看看字母都找到了会出什么？都找到了！出现一束光，照到一条大狗，点一下这条大狗，又出来一句话，如图 1-36 所示。

步骤 5. 原来是找这条可爱的大狗啊，找到了所有的字母，就找到了这条躲起来的大狗。那我们接着玩，单击小箭头，如图 1-37 所示。

读书笔记

图 1-36 过了一关

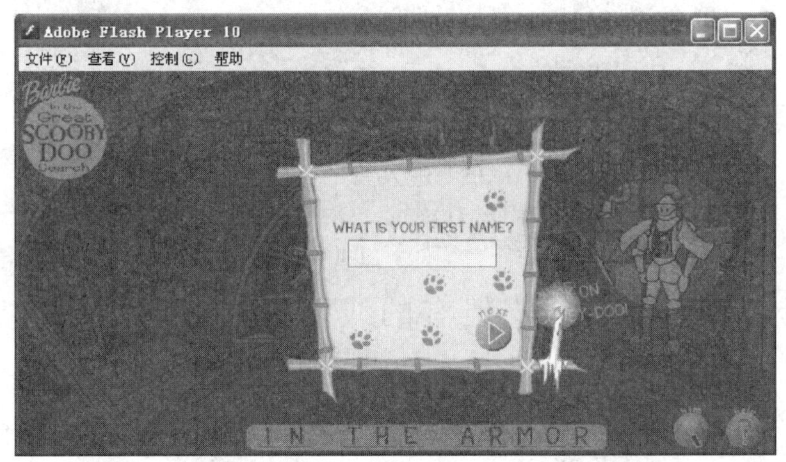

图 1-37 过关签名

要干吗？这个框里可以输入字母，那就随便输入个 A 吧。单击小箭头，又出现了一堆英文，如图 1-38所示。

这下告诉您吧，这一关过了，您帮着主人找到了可爱的史酷比，主人在感谢您呢，还夸您的眼光锐利得惊人呢，这么快就找到了史酷比。单击里面的第一个按钮您就可以从头再来一遍了，不过您可

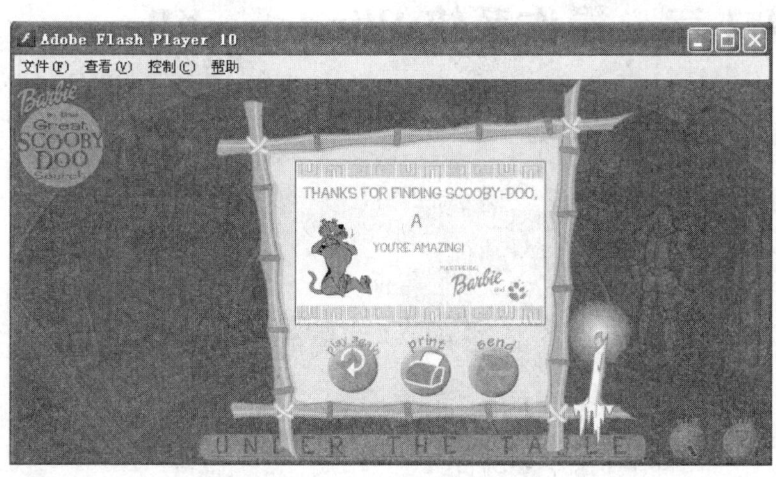

图 1-38 “再玩一遍”画面

以试试后两关。后面两个按钮不要按，因为一个是打印，一个是发送结果到网上参加比赛，现在这个比赛早就没有了。

大胆地试吧，你会有许多新的发现！这下您也该知道孩子们为什么玩游戏那么快就会了吧，他们敢想、敢试啊！

读书笔记

读书笔记

第 2 章　操作系统 Windows XP

学习重点

1. Windows XP 的桌面。
2. 电脑资源的管理——我的电脑。
3. 启动程序的方式。
4. 窗口基本操作。
5. 菜单种类及约定。
6. 对话框的基本操作。

2.1　认识 Windows XP 的桌面

Windows XP 是由美国微软公司推出的电脑操作系统，由于其易用性、稳定性和兼容性都较好，是目前应用最为广泛的电脑操作系统。简单地理解，电脑操作系统就是一个平台，在这个平台上我们可以方便地控制和管理电脑、运行各种程序，没有这个平台，电脑也就只是一堆废铁而已。

在我们正确开机后，Windows XP 会自动启动，启动成功之后，首先出现的就是 Windows XP 的“桌面”，占据整个屏幕区域，如图 2-1 所示。电脑的所有的操作都是从这里开始的。

桌面这个名称起得还是真的再恰当不过了，不是吗？

当你上班一进办公室，您看到的不就是您整洁办公桌面吗？我们打开电脑，先看到的不就是这个

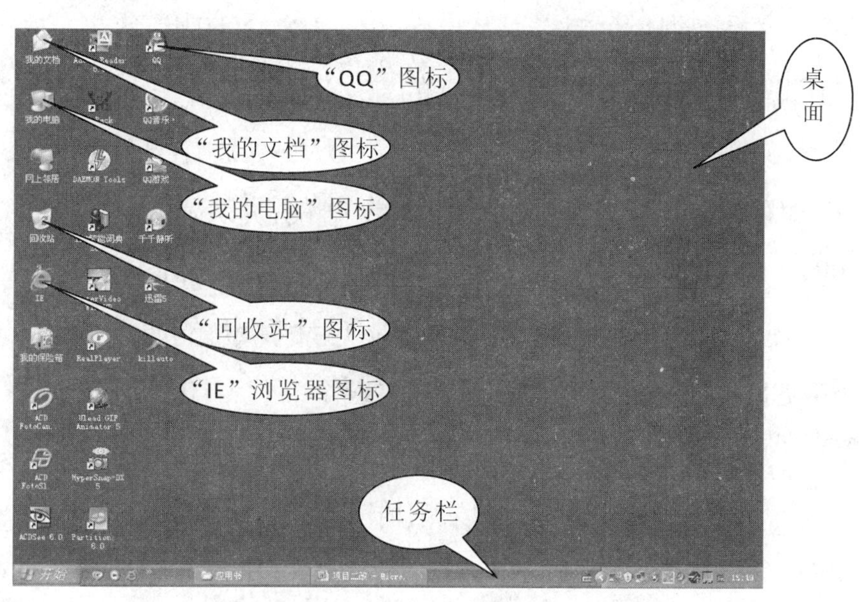

图 2-1 Windows XP 桌面

读书笔记

“桌面”吗？后面随着您操作的熟练，您会更加体会到这个名称的确切之处。

让我们来观察一下，这个“桌面”上都有什么。

这个桌面上大块区域是空的，在左侧有许多下面有文字的小图片，这些叫做“图标”，只要您双击它就可以执行不同的操作了。

在最下面有一个长条，排列着不少图标，这个长条叫做“任务栏”。

下面我们就来了解一下“图标”和“任务栏”。

2.1.1 桌面上的图标

“图标”就是在桌面左侧，下面有文字的小图片。每个图标代表一个对象，如文件、文件夹、命令、应用程序、快捷方式等。

桌面上出现的图标由用户的设置决定，可能与图 2-1 不同。在 Windows XP 中，默认的桌面图标

读书笔记

一般有“我的文档”、“我的电脑”、“回收站”、和“IE”等图标，这几种图标的基本功能如下。

(1)“我的文档”：是 Windows XP 用于存放用户编辑的文档、图形和其他数据的默认路径，登录的用户名不同，“我的文档”中的内容也不同。

(2)“我的电脑”：可以浏览计算机的所有软件和硬件设备资源，对磁盘进行格式化、进行文件管理、更改计算机软硬件配置和管理打印机等。

(3)“回收站”：存放删除的硬盘上的文件和文件夹等对象，如果需要还可以恢复。

(4)“IE”：启动 IE 浏览器访问 Internet 资源，还可以修改浏览器的属性，设置浏览器的相关选项。

这些默认情况下放置在桌面上的图标也可以通过设置取消。除了这些默认的图标还会有一些“快捷方式”图标。所谓“快捷方式”就是 Windows 提供的一种快速启动程序、打开文件或文件夹的方法。其特点是在图标左下角有一个小箭头，如图 2-2 所示就是 QQ 的快捷方式图标，双击它，就可以直接进入 QQ 的登录界面。

图 2-2　QQ 的快捷方式图标

2.1.2　任务栏

任务栏默认位于桌面底部，显示为一个包含“开始”按钮的横条，通过任务栏可以在多个运行的

读书笔记

应用程序间切换。任务栏可以隐藏或移动，可以将其移至桌面的两侧或顶部，或按其他方法自定义任务栏。

任务栏从左至右分为 5 个部分，分别是“开始”按钮、“快速启动”工具栏、“活动任务区”、“语言栏”和“通知区域”，如图 2-3 所示。

图 2-3　任务栏

(1)“开始”按钮：位于任务栏最左侧，单击它，弹出“开始”菜单(详细内容见 2.1.3 节)。

(2)“快速启动”工具栏：系统通常会自动将“IE”、“Windows Media Player”和“显示桌面”等应用程序快捷方式图标放置其中，单击这些图标即可启动相应的应用程序。

(3)活动任务区：任务栏中最主要的部分，可以看到所有运行的应用程序名字，每个按钮对应一个“任务”，单击任务栏上的按钮可以切换到不同的“任务”。

(4)语言栏：语言栏是一个浮动的工具条，将手写识别、语音识别或输入法编辑器作为文本输入法添加时，它将自动显示在桌面上。语言栏帮助用户轻易地切换并执行与输入文本相关的任务。语言栏可以移动到屏幕的任何位置，也可以将其最小化到任务栏或使其透明化，如果不使用它，也可以关

闭它。

(5)通知区域：位于任务栏最右边，主要显示一些系统图标和驻留程序图标，如音量控制、系统时间、电源选项等图标。其他应用程序的快捷方式也可能暂时出现，它们提供关于活动状态的信息。例如，将文档发送到打印机后会出现打印机的快捷方式图标，该图标在打印完成后消失。

2.1.3 开始菜单

通过“开始”菜单可以运行电脑中已安装的所有应用程序，所有操作都可以从“开始”菜单中开始进行。“开始”菜单是智能化的，不仅提供常用的命令图标，而且还会自动为您添加一些内容。例如，它可以显示已登录的用户的名称，还可以自动地将您使用最频繁的程序添加到菜单顶层。如图 2-4 所示，

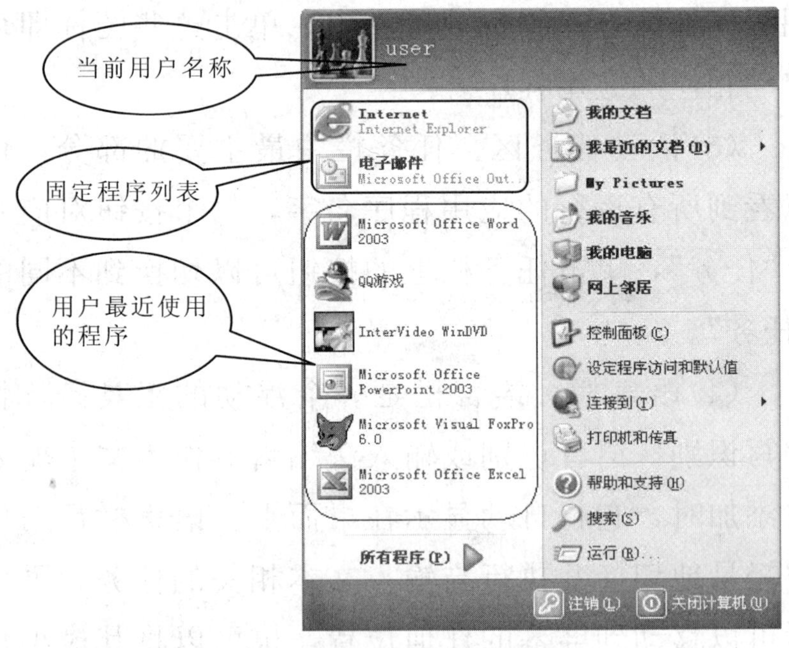

图 2-4 “开始”菜单

"user"用户登录，在开始菜单左上角就会显示出来；最近经常使用的应用程序在"开始"菜单左半部分中的下半部分显示；菜单左半部分的上半部分显示的是固定程序列表(只要用户不改动，固定程序列表不会改变)；右半部分是固定的常用命令图标，如桌面上的"我的文档"、"我的电脑"等。

读书笔记

2.2 电脑资源的管理——我的电脑

电脑的所有软硬件资源都可以通过双击桌面上"我的电脑"图标或在"开始"菜单中单击"我的电脑"图标之后，进入"我的电脑"窗口来进行管理，所以也有人把"我的电脑"称为电脑资源的管理员。

双击桌面上的"我的电脑"图标，打开"我的电脑"窗口，如图 2-5 所示。

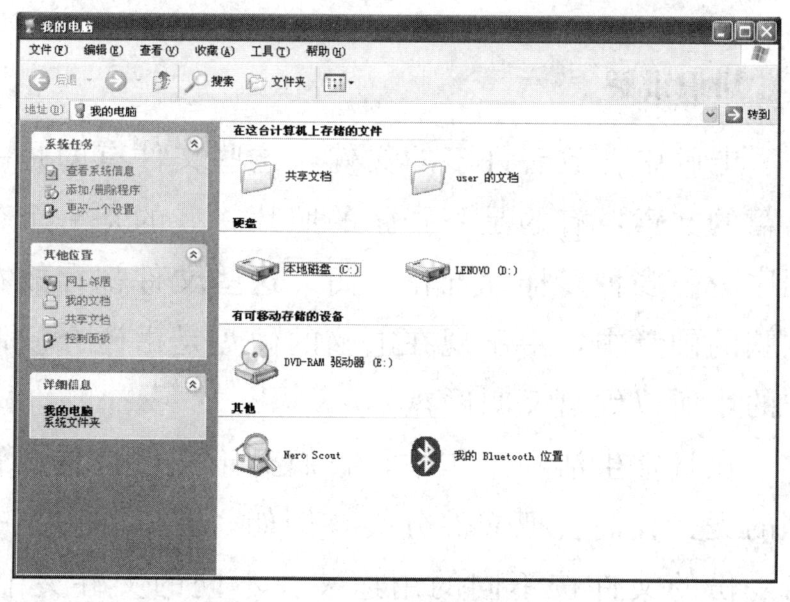

图 2-5 "我的电脑"窗口

让我们观察一下：在“我的电脑”窗口的右侧，我们可以看到“本地磁盘(C:)”、“DVD－RAM 驱动器(E:)”等图标，这些都是电脑中的具体资源，例如，“本地磁盘(C:)”指的是一个存储文件的、标号是“C:”的硬盘分区；“DVD－RAM 驱动器(E:)”指的是可以读 DVD 光盘的光盘驱动器。

在“我的电脑”窗口左侧的“系统任务”中，我们可以看到“查看系统信息”、“添加/删除程序”、“更改一个设置”图标命令，在“其他位置”中可以看到“网上邻居”、“我的文档”、“共享文档”、“控制面板”图标命令。通过这些命令的执行，我们可以管理整个电脑的软、硬件资源。下面我们主要来了解一下磁盘文件管理。

2.2.1 浏览磁盘、文件和文件夹

知识讲解

电脑中存放着许多的文件，这些文件有的是一篇篇的文章，有的是一张张的照片，有的是一个个程序……多种多样，五花八门。这些文件都存放在电脑的硬盘中，由于现在电脑的硬盘是由磁介质制作的，所以硬盘又叫磁盘。

在日常生活和工作中，我们对于文件是怎么管理的呢？我们会把文件分类，例如，在工作中把一份一份的文件按不同的用途装在不同的文件夹中，把照片放在不同的相册当中。在电脑里也是一样，我们会把文件按照不同的分类方法放到不同的地

方，这些放文件的地方我们统一称之为文件夹。

读书笔记

学习园地

任务　浏览磁盘里的文件夹和文件

步骤 1. 双击桌面上的“我的电脑”图标，打开“我的电脑”窗口，单击“文件夹”按钮，如图 2-6 所示，“我的电脑”窗口左侧显示出“我的电脑”的内容结构。

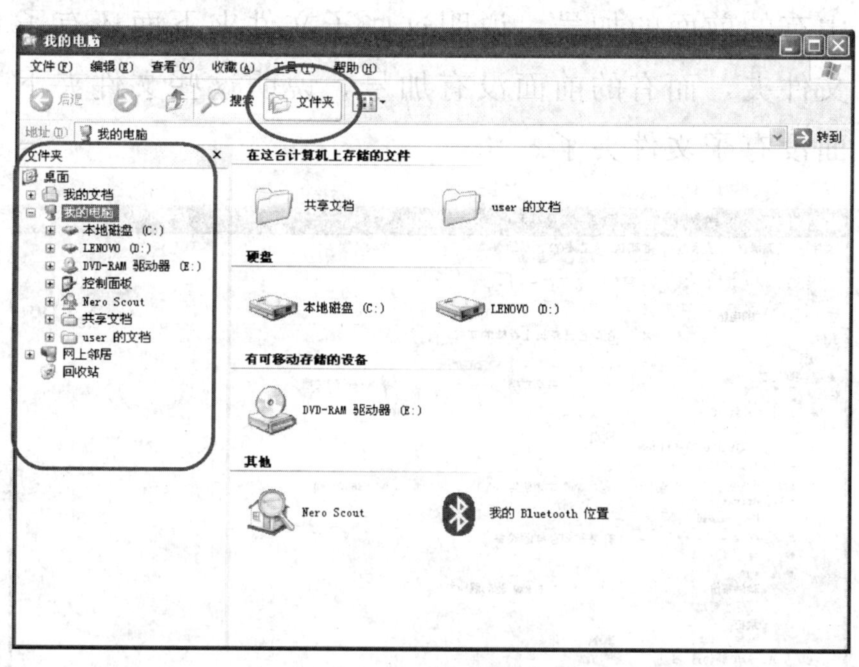

图 2-6　“我的电脑”的文件夹结构

从中我们可以观察到“我的电脑”图标前面是一个带方框的减号“－”，而与它对齐的“我的文档”、“网上邻居”图标前是一个带方框的加号“＋”。而“我的电脑”图标下面向右偏移一点有 7 个前面带方框的加号“＋”的图标。琢磨一下，是什么意思？

步骤 2. 让我们试一下吧，单击“我的电脑”图

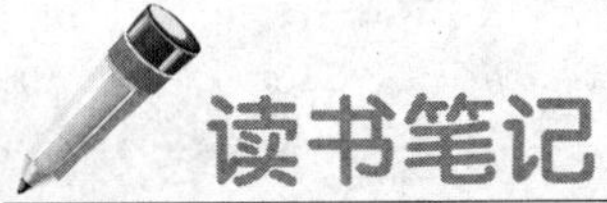

标下面的“本地磁盘(D:)”图标前面方框里的加号“+”，文件夹结构变成如图 2-7 所示的样子了。

单击这个加号在电脑中的术语叫“展开”，也就是把这个磁盘或文件夹下面的文件夹都显示出来。注意：这个时候“我的电脑”右侧没有任何变化，也就是说“展开”这个操作只是展开磁盘或文件夹下面的子文件夹，而并不显示文件夹里的内容。

另外还要注意一点，图 2-7 中展开的子文件夹中有的前面的加号，说明这些子文件夹下面还有子文件夹，而有的前面没有加号，说明这些文件夹下面没有子文件夹了。

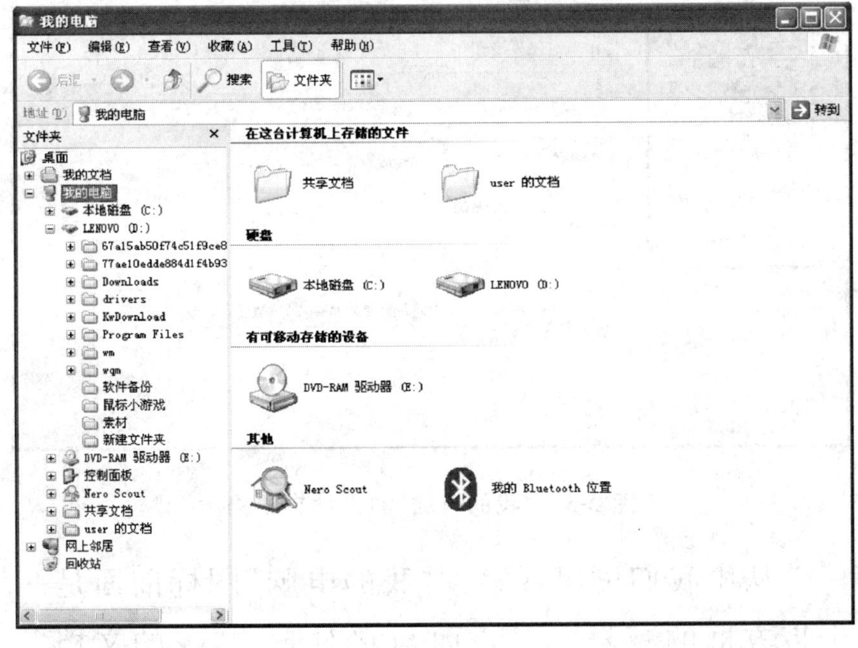

图 2-7 展开“本地磁盘(D:)”下面的文件夹

步骤 3. 图标前面的加号是“展开”，图标前面的减号是什么呢？再试一下。单击“我的电脑”前面带方框的减号“－”，文件夹结构就变成如图 2-8 所示了。

读书笔记

原来“我的电脑”图标下面的那些图标都没有了，而且“我的电脑”图标前面的带方框的减号变成加号了。

单击这个减号“－”在电脑中的术语叫“折叠”，就是把已经展开的文件夹收起来。

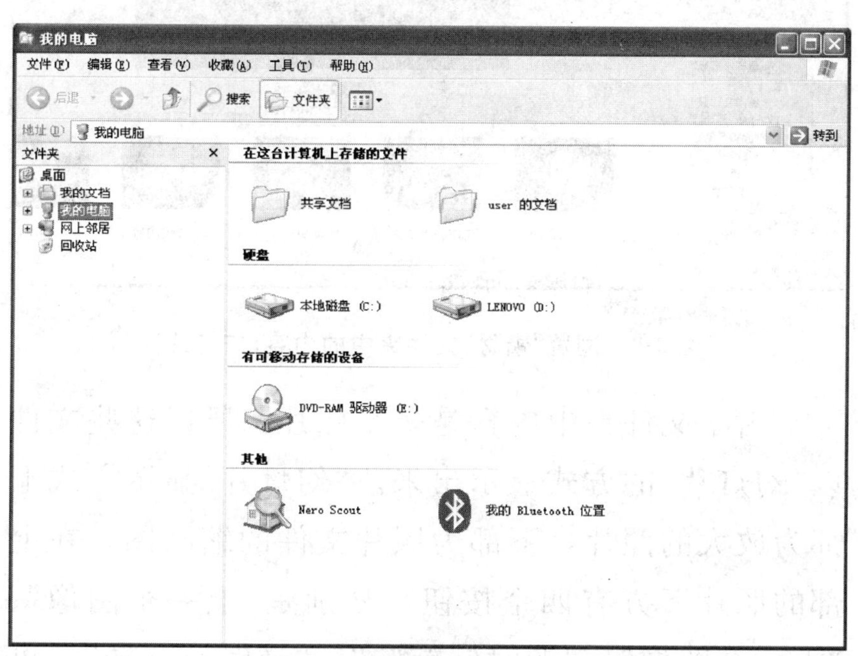

图 2-8　折叠“我的电脑”

步骤 4. 文件夹我们会看了，文件怎么看呢？单击“我的电脑”图标前的加号，回到如图 2-7 所示的画面，直接单击“本地磁盘(D:)”下面的“素材”文件夹，显示如图 2-9 所示。

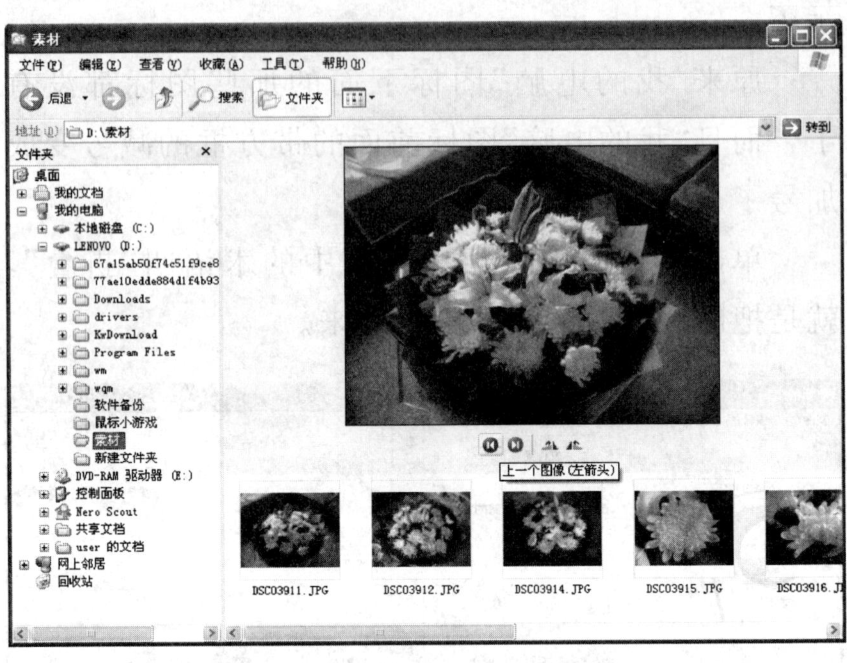

图 2-9 浏览“素材”文件夹中的内容(幻灯片)

由于文件夹中内容是多张照片，所以这些文件以“幻灯片”的方式显示出来。“幻灯片”显示方式上部为放大的照片，下部为照片文件的缩略图。在上部的照片下方有四个按钮，分别是“上一个图像”、“下一个图像”、“顺时针旋转”、“逆时针旋转”，可以方便浏览和旋转立版照片。

步骤 5. 浏览文件还有几种方式，适用于不同的需求：缩略图、平铺、图标、列表、详细信息。单击“我的电脑”窗口上部的“查看”菜单，在下拉菜单中分别选择不同的视图即可在不同的显示方式下浏览文件了，分别如图 2-10～图 2-14 所示。

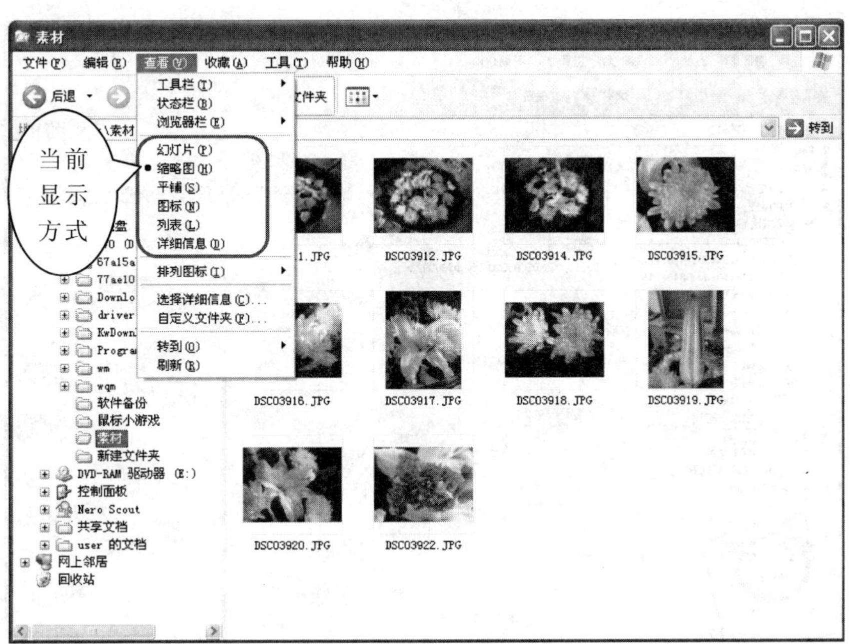

图 2-10 浏览“素材”文件夹中的内容(缩略图)

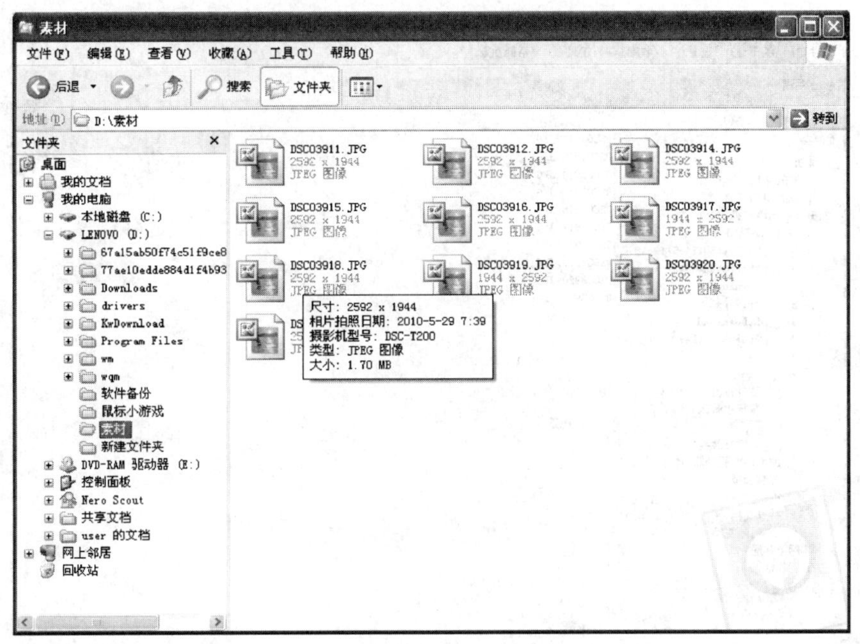

图 2-11 浏览“素材”文件夹中的内容(平铺)

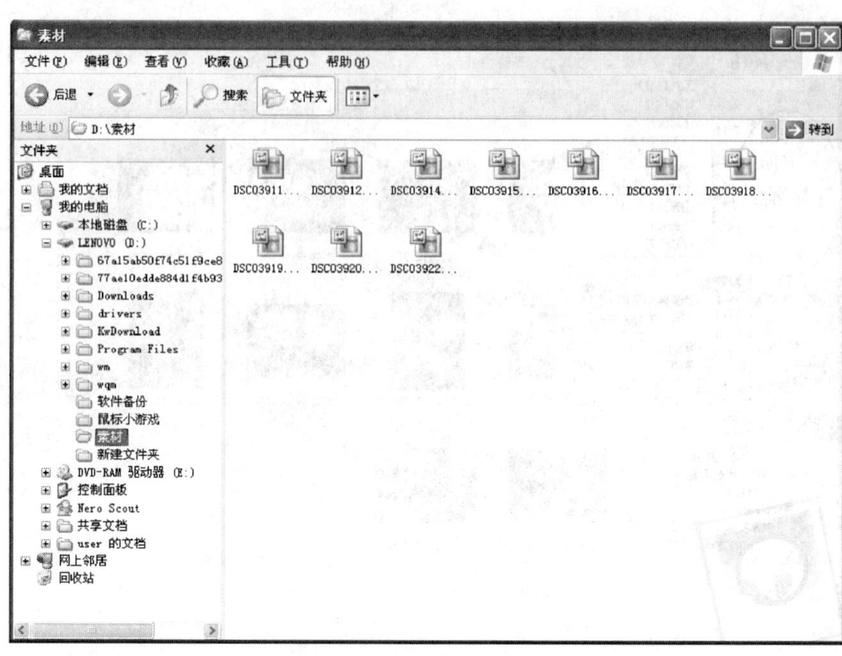

图 2-12 浏览“素材”文件夹中的内容(图标)

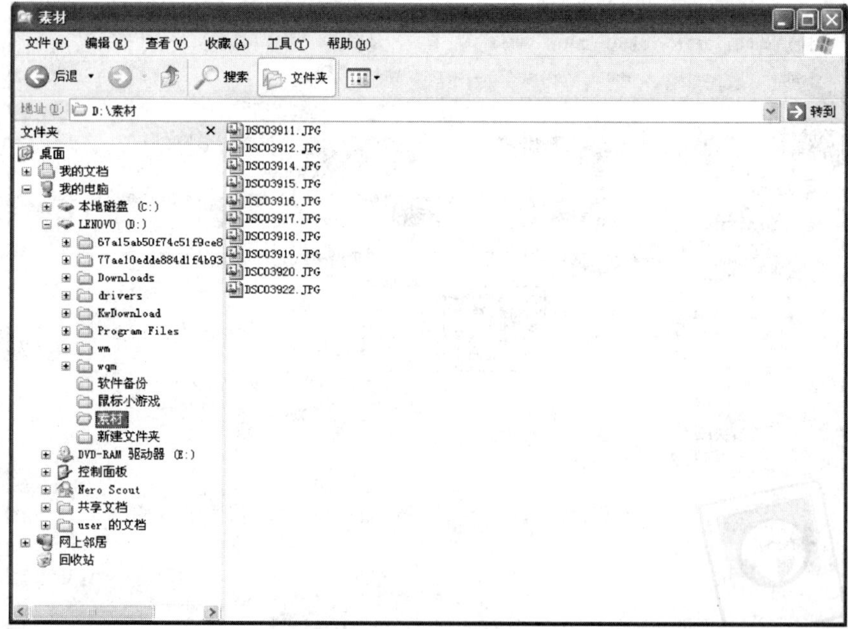

图 2-13 浏览“素材”文件夹中的内容(列表)

读书笔记

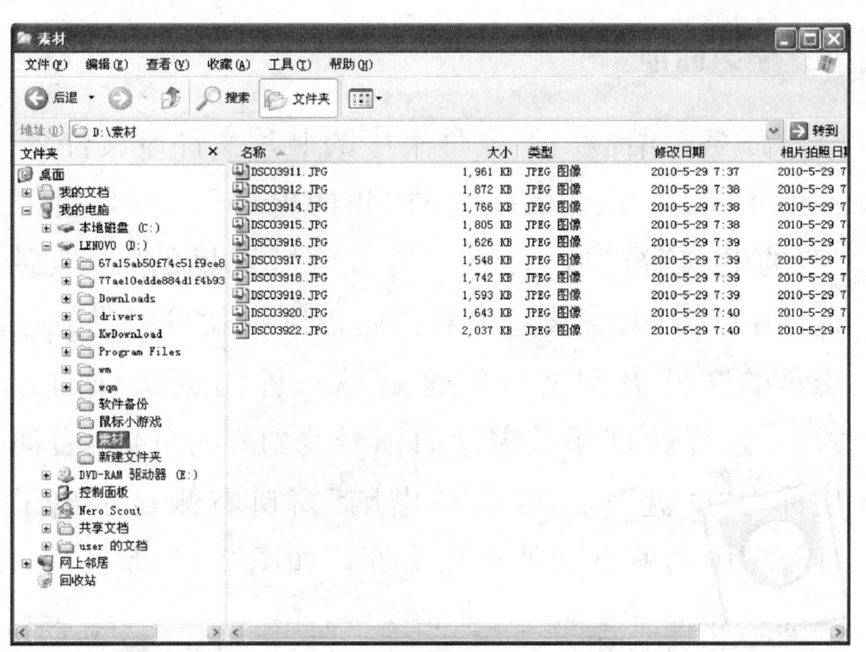

图 2-14 浏览“素材”文件夹中的内容(详细信息)

注意：“幻灯片”显示方式只有在文件夹中的文件都是图片时才会出现。

练一练

活动 用刚学过的方法浏览一下 D 盘的“鼠标小游戏”文件夹，看看有没有“寻找史酷比”的游戏文件。

2.2.2 给文件和文件夹改名字

知识讲解

我们在日常生活当中，不同的文件会有不同的标题，在电脑中也是一样，不同文件要有不同的文件名。同样，不同的文件夹也要有不同的名称。

读书笔记

任务　给"素材"文件夹中的照片文件改文件名

步骤 1. 双击桌面上的"我的电脑"图标，打开"我的电脑"窗口，直接双击右侧区域里的"本地磁盘(D:)"图标(直接通过双击磁盘图标就可以进入该磁盘的文件夹和文件，这是另一种浏览文件的方式)，这样就打开了磁盘的标号为"D"的分区(后面均称为"D 盘")，在"我的电脑"窗口右侧显示出了"D 盘"中的所有文件夹和文件，如图 2-15 所示。

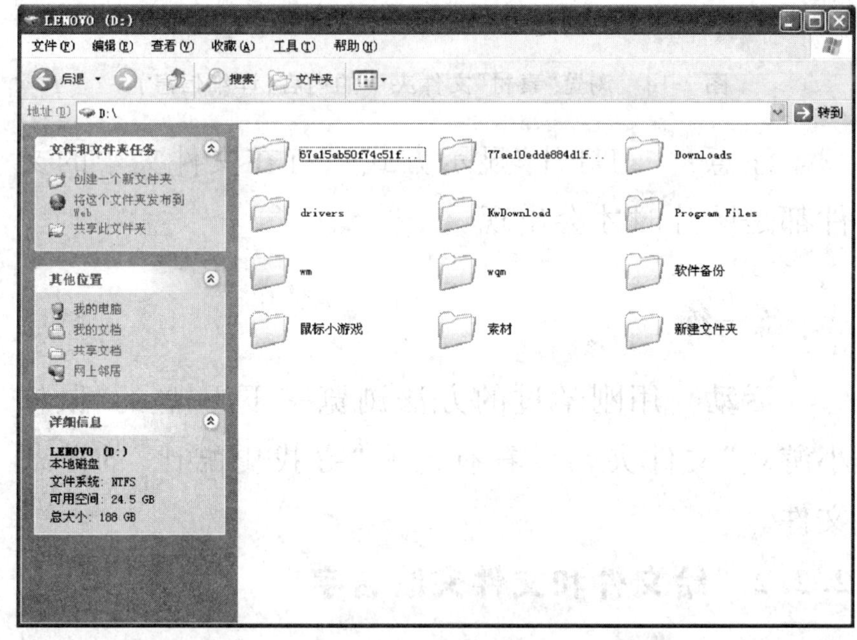

图 2-15　"D 盘"中的文件夹和文件

步骤 2. 双击"素材"文件夹图标，打开"素材"文件夹，以"缩略图"的显示方式显示照片。注意观察，每个图标下面都会有一串文字，这就是这个图标所代表照片文件的文件名。现在每个文件名都是黑色的文字。

步骤 3. 单击第 1 个文件"DCS03911. JPG"，此时该文件图标周围出现一个蓝色的方框，下面的文件名的显示变为蓝底白字，说明文件已被选中，如图2-16 所示。

图 2-16 选中"DSC03911. JPG"文件

步骤 4. 选中文件后，我们就可以更改它的文件名了，我们把这个文件的文件名改为"1. JPG"。进入修改文件名状态的方法有 4 种，这里我们介绍一种最方便的方法(注意：文件名中小数点后面的字母不要改，如果改了电脑就不认识这是个什么文件了)。

选中文件后，左侧就会出现"重命名这个文件"的命令图标，单击这个图标，即可进入文件名的修改状态。此时被修改的文件图标如图 2-17 所示。

读书笔记

读书笔记

图 2-17 文件重命名状态

使用键盘直接输入“1. JPG”，如图 2-18 所示，之后按“Enter”键就完成了修改文件名的操作，如图2-19所示。

图 2-18 输入新文件名

图 2-19 文件修改完成

练一练

使用重命名的方法将“素材”文件夹中后面的文件按顺序改为“2. JPG”、“3. JPG”…

知识扩展

(1)选中要修改文件名的文件后，进入修改文件名状态的另外3种方法如下。

①单击“我的电脑”窗口上部的“文件”菜单，在

下拉菜单中单击选择“重命名”命令。

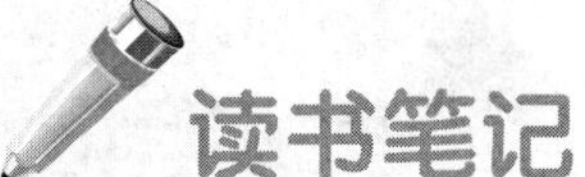

②在被选中的要修改文件名的文件图标上右击，这样会弹出一个快捷菜单，在快捷菜单中单击“重命名”命令。

③在被选中的要修改文件名的文件图标上单击。

(2)文件夹的重命名方法与文件的重命名方法一样。

(3)文件与文件夹命名中可以用数字、字母、符号、汉字，但有若干个西文符号在文件名中是不允许出现的，这些符号如表2-1所列。

表2-1　文件名中不允许出现的西文符号

名称	符号	名称	符号
正斜杠	/	反斜杠	\
冒号	:	星号	*
问号	?	引号	”
小于号	<	大于号	>
竖杠	|		

(4)“我的电脑”窗口左上角的名称是随着浏览的位置不断变化的。

想一想

浏览文件的时候在什么地方需要双击才能浏览，在什么地方单击就可以浏览？试试看，能不能总结出来。

2.2.3 新建文件夹

知识讲解

文件夹有一部分是 Windows XP 自动建立的，而我们在使用过程中也需要按我们的要求，在适当的位置建立新的文件夹。

学习园地

任务 在 D 盘新建一个名为“LX”的文件夹

步骤 1. 打开“我的电脑”窗口，双击 D 盘图标，打开 D 盘。这时没有选中任何对象图标，注意观察左侧的“文件和文件夹任务”中，第一项是“创建一个新文件夹”命令图标，如图 2-20 所示。

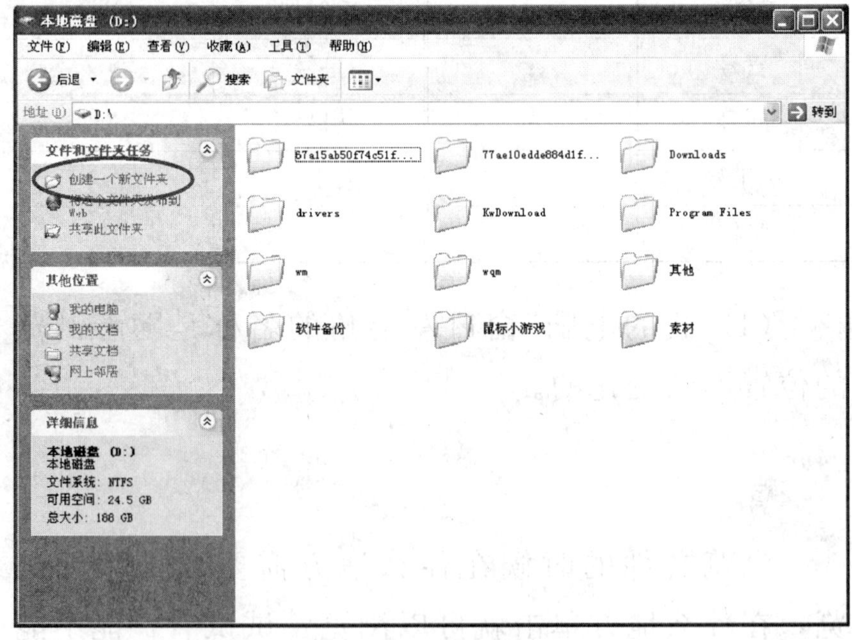

图 2-20 D 盘文件夹

步骤 2. 单击该图标，在右侧文件夹内容区的最后面会出现一个新的文件夹，文件名处于修改状态，默认的名称为“新建文件夹”，如图 2-21 所示。此时直接用键盘输入“LX”，按 Enter 键即建立了一个名为“LX”的新文件夹。

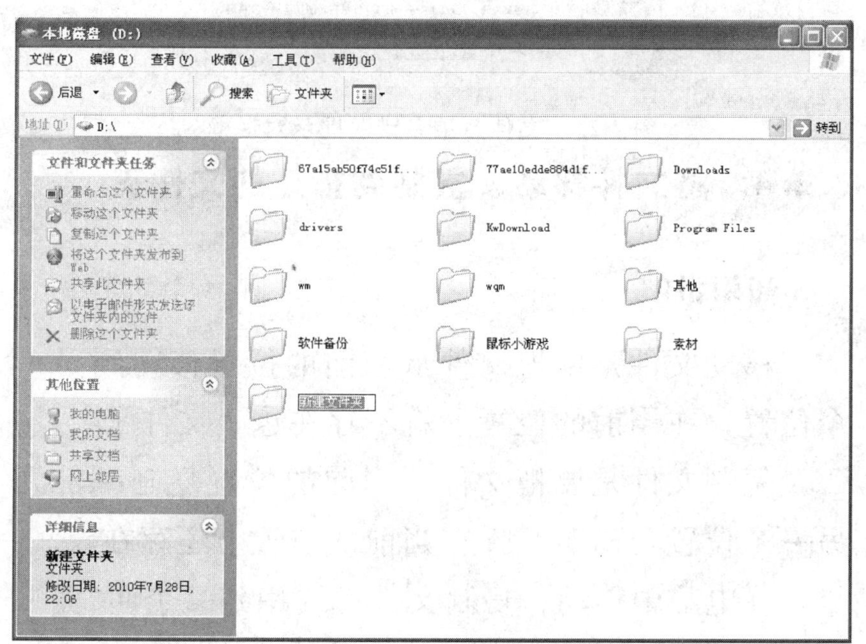

图 2-21 “新建文件夹”等待输入文件夹名

试一试

活动 在 D 盘的“素材”文件夹下新建一个名为“LX”的文件夹。

知识扩展

在不同的位置可以有同名的文件夹，如在 D 盘可以有名为“LX”的文件夹，在 D 盘的“素材”文件夹下，仍然可以有名为“LX”的文件夹；在同一位

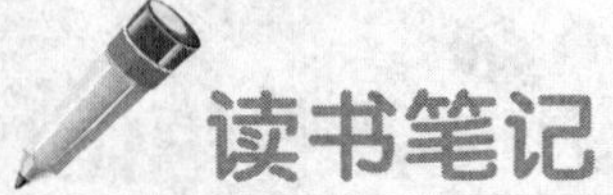

读书笔记

置是不能存在相同名称的文件夹的，如在D盘已经建立了一个名为“LX”的文件夹，如果再新建一个文件夹，同样命名为“LX”，电脑就会弹出如图2-22所示的对话框，提示不能这样做。

图 2-22　文件名重名错误提示对话框

2.2.4　将文件移动、复制到指定的文件夹

知识讲解

移动文件是要把文件从当前的位置移动到另一个位置，在当前的位置上就不存在这个文件了。

复制文件是要把文件从当前的位置复制一份到另一个位置，而源文件在当前的位置上还存在。

在电脑中移动、复制文件都要用到一个叫“剪贴板”的东西。不管是移动还是复制，都是分两步来操作，第一步要在源文件所在的文件夹将要移动或复制的文件放入这个“剪贴板”——它相当于一个临时的容器，暂时存放要移动或复制的文件；第二步到要移动或复制到的那个文件夹，把“剪贴板”中临时存放的源文件放进去。所以，在进行移动、复制操作时，在第一步稍有区别，第二步就是一样的了。

学习园地

任务1　移动照片

将D盘“素材”文件夹中一张照片移动到D盘

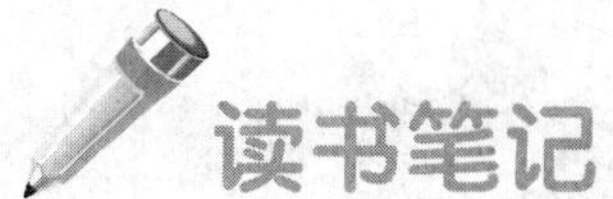

“LX”文件夹。

步骤 1. 打开“我的电脑”窗口，进入 D 盘的“素材”文件夹。选中“DSC03922. JPG”文件。

步骤 2. 单击窗口上部的“编辑”菜单，在下拉菜单中单击“剪切”命令，如图 2-23 所示。

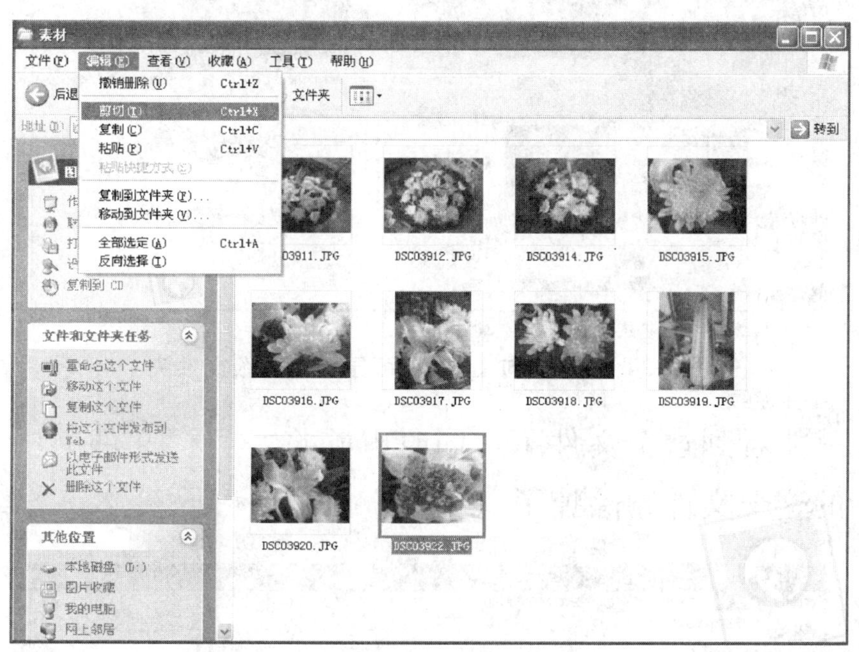

图 2-23　“编辑”菜单中的“剪切”命令

步骤 3. 注意观察，执行“剪切”命令后，被剪切的文件图标变灰，这时被选中的文件就存放到“剪贴板”了。单击菜单栏下面的“向上”按钮，切换到“素材”文件夹的上一级文件夹 D 盘，如图 2-24 所示。

步骤 4. 在 D 盘文件夹中双击进入“LX”文件夹，单击“编辑”菜单，在下拉菜单中单击“粘贴”命令，如图 2-25 所示，就将被移动的文件从“剪贴板”存放到当前的“LX”文件夹里了。在“LX”文件夹中

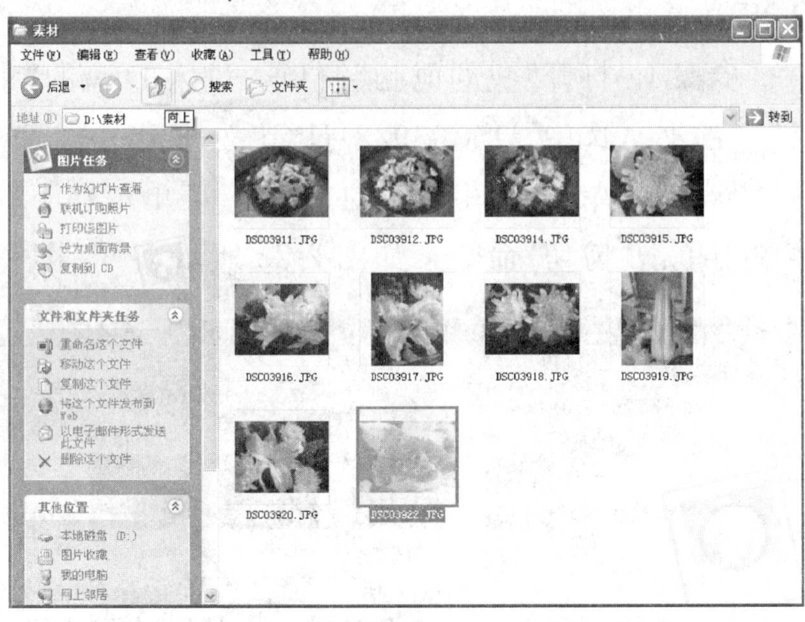

图 2-24 单击“向上”按钮可显示上一级文件夹

就能看到这个文件了，同时电脑将“素材”文件夹中的这个文件删除掉了。

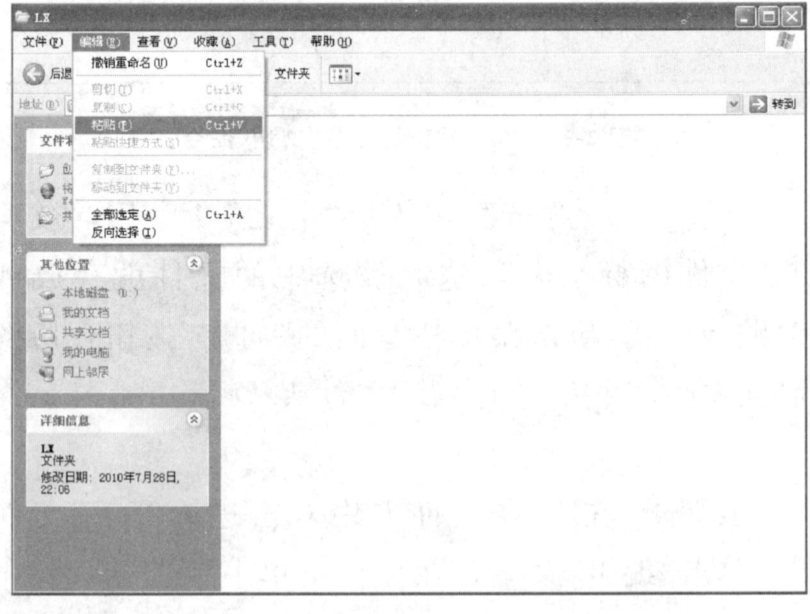

图 2-25 “编辑”菜单中的“粘贴”命令

活动 2　复制照片

将 D 盘“素材”文件夹下的一张照片复制到“素材”文件夹下的“LX”文件夹。

步骤 1. 打开“我的电脑”窗口，进入 D 盘的“素材”文件夹。选中“DSC03920. JPG”文件。

步骤 2. 单击窗口上部的“编辑”菜单，在下拉菜单中单击“复制”命令。

步骤 3. 注意观察，与执行“剪切”命令不同，被复制的文件图标没有变灰，这时被选中的文件就存放到“剪贴板”了。

步骤 4. 双击当前文件夹下的“LX”文件夹图标，进入“LX”文件夹。单击“编辑”菜单，在下拉菜单中单击“粘贴”命令，就将被复制的文件从“剪贴板”存放到当前的“LX”文件夹里了。在“LX”文件夹中就能看到这个文件了。

试一试

活动　把刚才复制到“素材”文件夹下的“LX”文件夹中的照片复制到 D 盘的“LX”文件夹。

想一想　既然剪贴板里存着这个要复制的文件，是不是可以直接粘贴到目的文件夹呢？试试看。

知识扩展

有了剪贴板，一次就可以将同一个文件粘贴到多个不同的位置了。

在粘贴的过程中，如果在目的文件夹中有同名

读书笔记

的文件，电脑会提示有同名的文件存在，并问是否要覆盖(替换)，如图 2-26 所示。

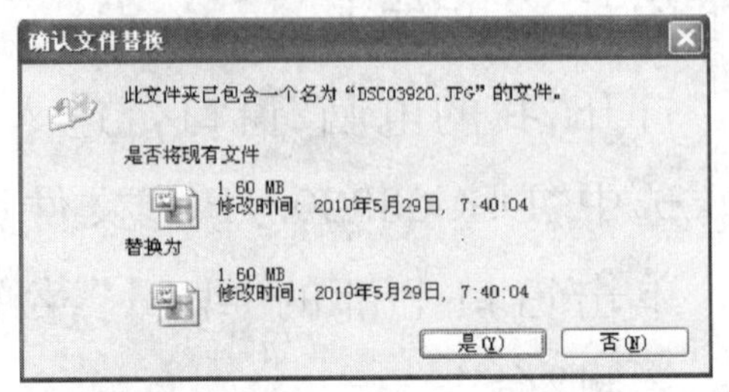

图 2-26 “确认文件替换”对话框

2.2.5 删除不再需要的文件和文件夹——回收站

知识讲解

删除无用的文件是节省磁盘空间的最好的办法，但一定要慎重。Windows XP 专门设计了一个叫“回收站”的文件夹，当我们执行“删除”文件或文件夹操作后，先将这些删除的文件或文件夹放到这个“回收站”文件夹中，暂时不做彻底的删除，也就是说这些被删除的文件仍然存在，只是在原来的文件夹中看不到了。当发现有些文件还需要或者发现某些文件被误删除时，进入这个“回收站”，还能把这些文件找回来。直到我们执行了“清空回收站”操作，这些文件和文件夹才被真正删除，但只要执行了“清空回收站”的操作，文件就真的被删除了，再也找不回来了。

学习园地

任务 删除不同文件夹中的相同文件

读书笔记

将“素材”文件夹下的“LX”文件夹中与“素材”文件夹中相同的文件移入回收站。

步骤 1. 进入 D 盘的“素材”文件夹，看一下这里有几个文件，记一下这些文件名，再双击“LX”文件夹图标，进入“LX”文件夹。

步骤 2. 与上一步记下的“素材”文件夹下的文件名对照一下，确定哪个文件是重复的，可以删除。这里我们看到“LX”文件夹中的 3 个文件都是重复的，那就都可以删除。删除这 3 个文件要先选中这 3 个文件：把鼠标指针移动到第 3 个文件的下面，按住左键向左上方拖曳鼠标，画出一个矩形，如图 2-27 所示。这个矩形经过的文件就都被选中了。

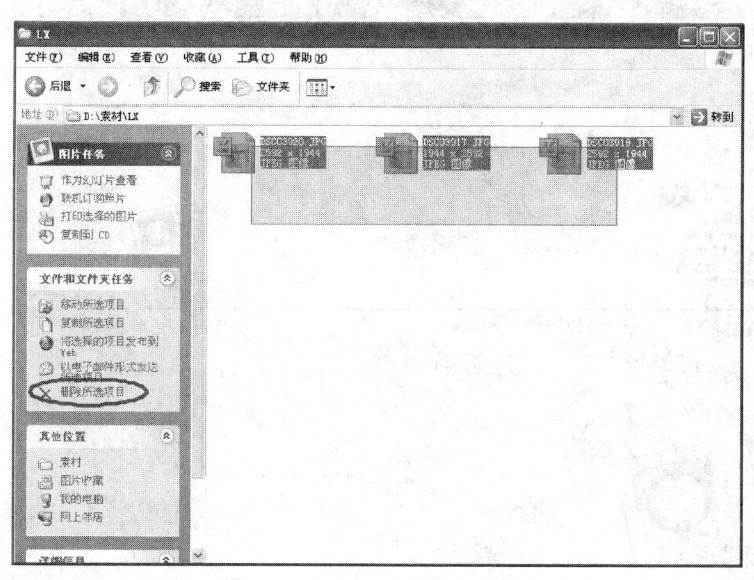

图 2-27　通过鼠标拖曳选中文件

步骤 3. 单击左侧“文件和文件夹任务”中的“删除所选项目”命令图标，电脑弹出如图 2-28 所示的提示对话框。

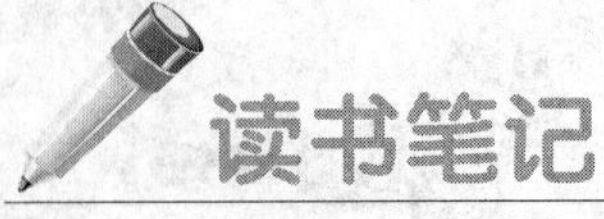

图 2-28 “确认删除多个文件”对话框

步骤 4. 单击“是”按钮，将这几个文件放入回收站。

试一试

打开“我的电脑”，单击“地址栏”后面的下拉箭头，如图 2-29 所示，打开地址列表。在其中单击“回收站”，进入“回收站”文件夹。

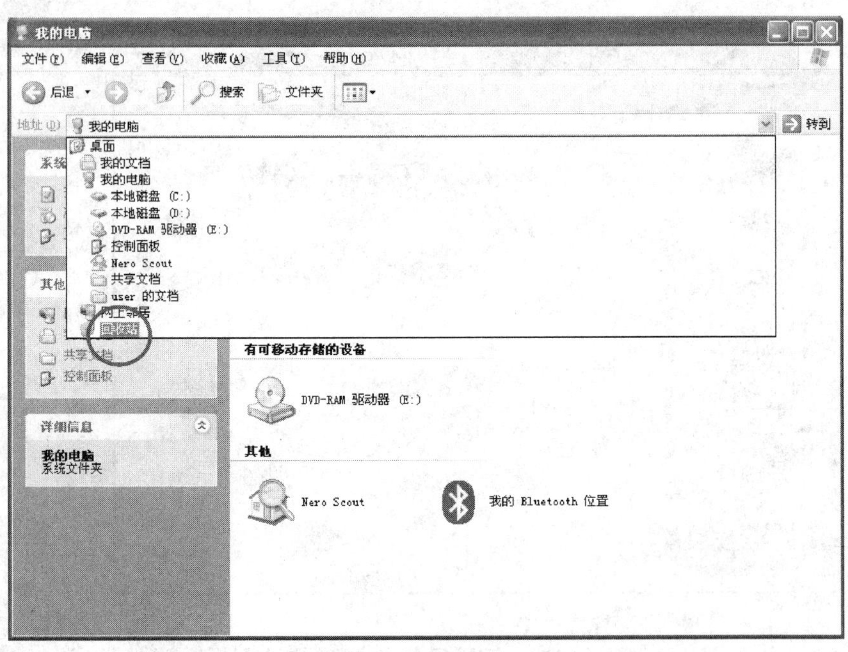

图 2-29 从“地址栏”下拉列表中进入“回收站”

浏览“回收站”中的文件，试着还原部分“回收站”中的文件后，看看还原的文件是否还原到原来所在的文件夹，最后清空“回收站”。

读书笔记

知识扩展

选中多个文件有多种情况，方法也不同。

选中多个连续的文件：这时可以先单击选中第1个文件，然后按住键盘上的Shift键的同时单击最后1个文件。

选中多个不连续的文件：这时可以先单击其中1个文件，然后按住键盘上的Ctrl键的同时单击其他要选中的文件。

选中全部文件：单击“编辑”菜单下的“全选”命令。

在许多文件中选中大多数文件：先用前面的方法选中少数不选的文件，单击“编辑”菜单下的“反向选择”命令。

2.3 进阶练习——将不同的文件分类到不同的文件夹

将“素材”文件夹下的文件分类，并分别放到“素材”文件夹下的“整束花”、“菊花”、“百合花”、“其他”文件夹中。

步骤1. 进入D盘的“素材”文件夹。

步骤2. 在“素材”文件夹下新建“整束花”、“菊花”、“百合花”、“其他”文件夹。

步骤3. 下面我们用拖曳的方法，直接将前3张整束花的照片移动到“整束花”文件夹中：选中3

读书笔记

张整束花的照片（DSC03911、DSC03912、DSC03914），将鼠标指针指向任意一个被选中的照片文件图标，按住左键不放，拖曳鼠标到“整束花”文件夹上，这时会看到这3张照片文件的虚影随同鼠标指针移动到“整束花”文件夹上，此时“整束花”文件夹图标也显示为被选中状态（如图2-30所示）。松开鼠标左键，会发现这3张照片文件已经移动到“整束花”文件夹中，如图2-31所示。

步骤4. 同样使用这种拖曳的方法，将照片文件移动到相应的文件夹。

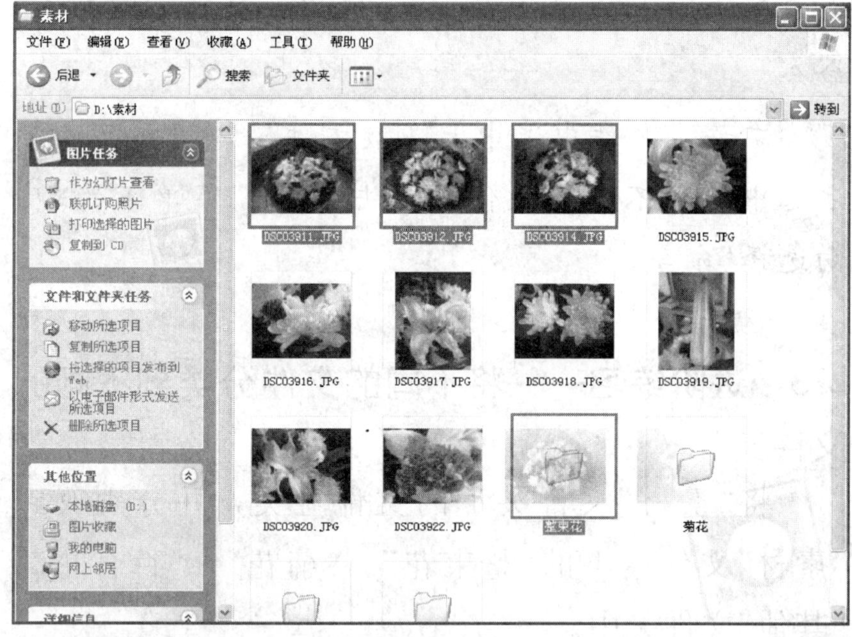

图 2-30　用拖曳的方法移动文件

读书笔记

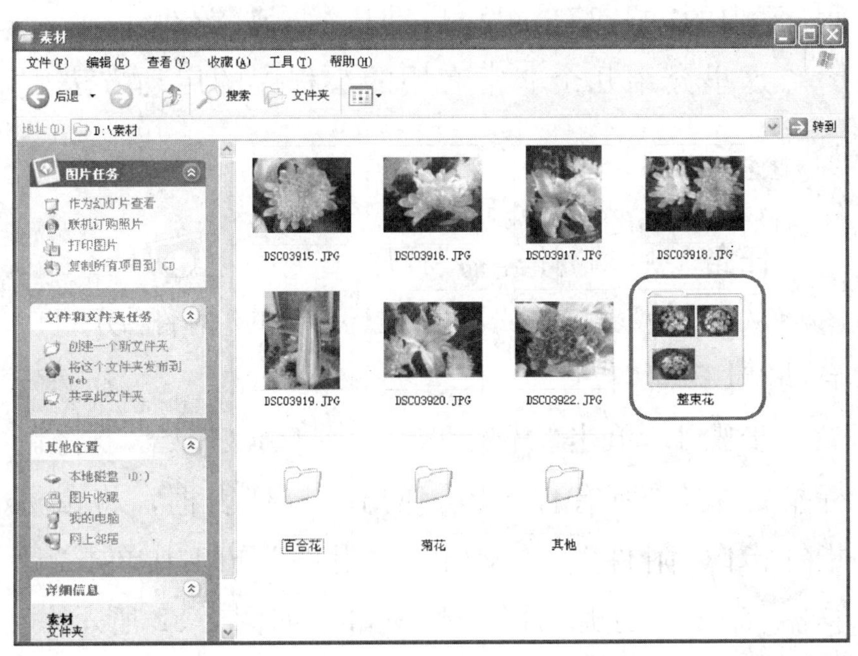

图 2-31 分类移动文件结果

2.4 启动程序的方式

电脑现在可以说样样都能干，但是一定要运行相应的程序才能完成相应的工作。启动程序的方式主要有两种：从开始菜单启动和从图标启动。

2.4.1 从开始菜单启动

前面在学习“开始”菜单时就已经介绍过，电脑中安装的所有的程序都可以从“开始”菜单启动。

在“开始”菜单中启动程序只要单击相应的命令图标就可以。

在前面的学习过程中我们已经通过“开始”菜单打开过“我的电脑”窗口，也从“开始”菜单中“所有

程序”中的“游戏”分组里启动过“纸牌”游戏。

这里介绍几个非常有用的小程序的启动方法。

学习园地

任务 启动“计算器”程序

从“开始”菜单的“所有程序”中的“附件”分组中启动“计算器”程序。

步骤 1. 单击“开始”按钮，打开“开始”，将鼠标指针指向“所有程序”，弹出下拉列表框，将鼠标指针指向“附件”，在弹出的“附件”分组中单击“计算器”命令，打开“计算器”窗口，如图 2-32 所示。

图 2-32 “计算器”窗口

步骤 2. 这样就打开了“计算器”程序，可以进行计算了。计算结束，单击窗口右上角的“关闭”按钮，即可退出“计算器”程序。

试一试

活动 启动“附件”分组中的“画图”、“记事本”

小程序。

读书笔记

知识扩展

在“开始”菜单中，除“所有程序”外，其他的命令图标都可以直接单击启动一个程序，进入该程序运行的窗口。这些图标都是我们常用的一些应用程序，例如，管理电脑资源的“我的电脑”、上网浏览的“IE”浏览器等。

2.4.2 从图标启动

知识讲解

从图标启动就是找到程序的启动文件，直接双击该文件图标启动程序。

为了启动程序和管理文件方便，我们可以为程序文件创建一个“快捷方式”文件，这个“快捷方式”文件只是在被双击时告诉电脑到什么地方去找到程序文件，由电脑自动去找到相关文件进行启动。

学习园地

任务 在“桌面”上为“寻找史酷比”程序创建一个“快捷方式”

步骤1.“寻找史酷比”这个游戏程序文件在D盘的“鼠标小游戏”文件夹中，我们先进入“我的电脑”，在D盘打开“鼠标小游戏”文件夹。

步骤2. 选中“寻找史酷比”图标，右击该图标，弹出一个快捷菜单，将鼠标指针指向“发送到”，会

弹出下一级菜单，单击其中的“桌面快捷方式”，如图 2-33 所示。

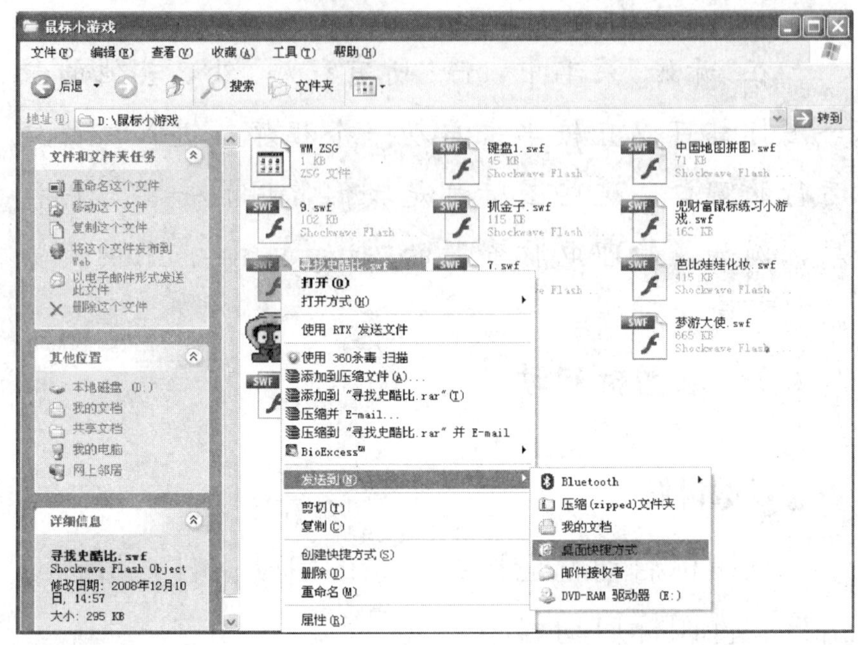

图 2-33　为“寻找史酷比”小游戏创建一个桌面快捷方式

步骤 3. 这时似乎没有发生什么，其实这时电脑已经在桌面上为我们创建了一个“寻找史酷比”的快捷方式图标。单击“鼠标小游戏”窗口右上角的“最小化”按钮，把桌面显露出来，看一下，是不是在桌面有一个如图 2-34 的图标。双击这个图标就能进入“寻找史酷比”玩游戏了。

图 2-34　在桌面上的“寻找史酷比”快捷方式图标

读书笔记

试一试

活动 为D盘“鼠标小游戏”中您喜欢玩的小游戏在桌面创建一个快捷方式吧，这样以后玩这些小游戏就不用到D盘去找这些小游戏了。

知识扩展

一般的程序在安装完成后都会在开始菜单中添加相应的启动命令，只有这些小的程序或一些Word(文字处理)、Excel(电子表格)文档等才会使用这种双击图标的方式启动。

2.5 窗口的基本操作

2.5.1 什么是窗口

所有的应用程序在启动后都会显示其操作界面，这个操作界面就是窗口。例如，我们前面用过的“我的电脑”，通过双击桌面上的“我的电脑”图标启动后就会打开“我的电脑”窗口。

2.5.2 窗口的组成

所有应用程序窗口的组成都有一些共同的基本元素，下面我们以“我的电脑”窗口来介绍一下窗口的组成。图2-35就是“我的电脑”窗口组成。

(1)标题栏：标题栏位于窗口的最上方，显示窗口的标题，即程序名或文档名，也可用来移动、最大化、最小化、还原、关闭窗口。我们前面已经用过标题栏中的“最小化”和“关闭”按钮了。

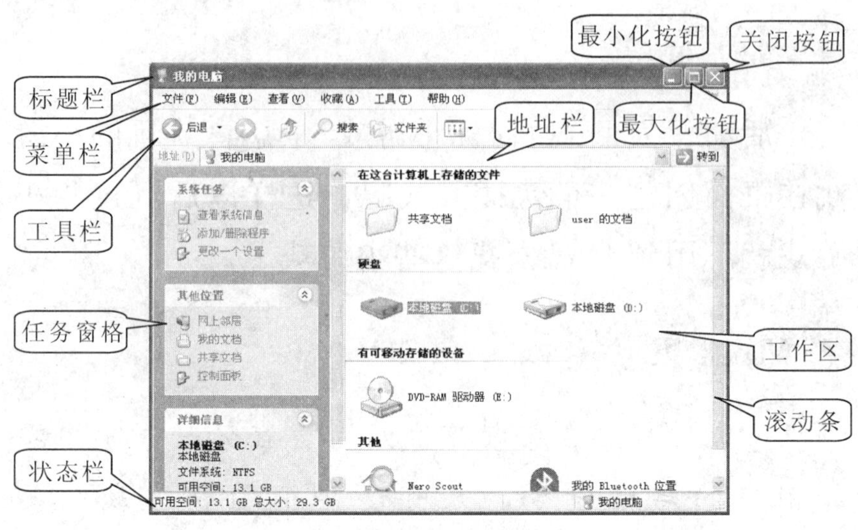

图 2-35 “我的电脑”窗口的组成

(2)菜单栏：菜单栏位于标题栏下方，列出该应用程序的各种菜单项，单击菜单项，将显示该菜单项的下拉菜单，在下拉菜单中列出一组命令项，通过命令项可以对窗口及窗口的内容进行具体操作。我们前面已经用过“文件”菜单下的“重命名”命令，“编辑”菜单下的“剪切”、“复制”、“粘贴”命令。

(3)工具栏：工具栏通常位于菜单栏下，其中的每个小图标对应下拉菜单中的一个常用命令，方便用户操作，提高工作效率。我们前面已经用过工具栏中的“向上”按钮，用于返回上一级文件夹。

(4)地址栏：用于显示当前所在的文件夹位置，也可以单击地址栏后面的下拉箭头，选择相应的磁盘位置。

(5)工作区：工作区位于工具栏下面的区域，是窗口的内部区域，工作区的内容由应用程序的功能决定。在“我的电脑”窗口中，工作区用于显示选定文件夹中的资源。

(6)滚动条：当窗口工作区容纳不下窗口要显示的信息时，系统会自动出现窗口滚动条，它可以使用户通过有限大小的窗口查看更多的信息，若窗口中的内容超出水平范围，则会出现水平滚动条；若窗口中的内容超出垂直范围，则会出现垂直滚动条；若窗口中的内容两者均超出，则水平和垂直滚动条同时出现。

(7)状态栏：状态栏位于窗口的最下面一行，用于显示当前窗口的一些状态信息。例如，图 2-35 中显示的是当前选中的“本地磁盘(C:)”的容量和占用情况。

(8)窗口边框：窗口边框用于调整窗口大小。当窗口处于“还原”状态时，将鼠标指向窗口边框，鼠标指针会变成双向箭头，此时拖曳鼠标即可调整窗口的大小。

(9)任务窗格：列出了常用的命令或信息供用户使用，按作用不同被划分为 3 个区域，单击⌃按钮会折叠该区域，同时⌃按钮会变为⌄按钮，单击⌄按钮将展开该区域。有的窗口没有任务窗格。随着当前所在位置不同，选中对象的不同，任务窗口中的任务也不同。我们前面在选中对象的情况下用过“删除选中对象”命令。

2.5.3 窗口有哪些基本操作

知识讲解

对窗口的操作主要是改变窗口的大小和位置。

学习园地

任务 调整“我的电脑”窗口的大小和位置

步骤 1. 打开“我的电脑”窗口。电脑会自动记录上次关闭“我的电脑”窗口时的状态。

如果上次关闭时是还原状态，这次启动仍然会是还原状态。如果上次关闭时是最大化状态，这次启动仍然是最大化状态。

注意：在还原状态时右上角中间的按钮是“最大化”按钮；在最大化状态时右上角中间的按钮是“还原”按钮。

假设窗口现在是最大化状态，可单击右上角的“还原”按钮即可使窗口处于还原状态。

步骤 2. 调整窗口的大小：在还原状态下才能改变窗口的大小，在最大化状态是不可以的。将鼠标指针指向窗口的左边框或右边框，当指针变成↔时，按住鼠标左键左右拖曳即可调整窗口的宽度；将鼠标指针指向窗口的上边框或下边框，当指针变成↕时，按住鼠标左键上下拖曳即可调整窗口的高度；将鼠标指针指向窗口四角的任意一个角，当指针变成↘或↙时，按住鼠标左键拖曳即可同时调整窗口的宽度和高度。

步骤 3. 最小化窗口：单击窗口右上角的“最小化”按钮，窗口就在屏幕上消失了，但这时窗口并没有关闭，注意看桌面下部的任务栏，如图 2-36 所示。

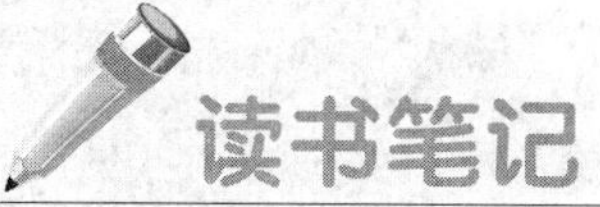

图 2-36 任务栏上的活动任务区里有一个“我的电脑”按钮

无论窗口处于可见状态(“最大化”状态或“还原”状态)还是隐藏状态(“最小化”状态)，在任务栏上都会有这个窗口的按钮。所以窗口在“最小化”时只是在桌面上隐藏起来了，以便看到其他的窗口或桌面，这个窗口并未关闭，程序仍在运行。

单击任务栏上的“我的电脑”按钮，“我的电脑”窗口就又在桌面上显示出来了。

步骤 4. 移动窗口位置：要想移动窗口的位置，窗口一定是处于“还原”状态。将鼠标指针指向标题栏，按住左键拖曳，窗口就会跟随鼠标指针移动，到需要的位置时松开鼠标左键即可。

试一试

活动 启动“寻找史酷比”，打开窗口，对其进行大小和位置的调整。

2.5.4 多个窗口操作

知识讲解

Windows XP 是一个多任务系统，也就是说它同时可以做多项工作，运行多个程序，即会有多个窗口同时打开，而屏幕只有这么大，这样多个窗口相互之间就会产生相互的覆盖。在 Windows XP 中有一个规定，在多个程序同时运行时，只有一个活

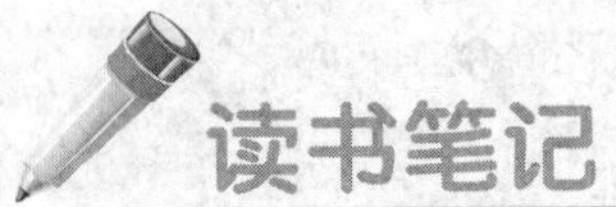

动窗口。所谓活动窗口就是我们正在关注的这个窗口。

任务　切换窗口

同时启动“我的电脑”和“寻找史酷比”程序，在两个窗口间切换。

步骤 1. 先启动“我的电脑”，再启动“寻找史酷比”程序。此时“寻找史酷比”窗口在“我的电脑”上面，是活动窗口，它挡住了“我的电脑”窗口的一部分，如图 2-37 所示。

图 2-37　“寻找史酷比”为活动窗口

步骤 2. 选择活动窗口：在“我的电脑”窗口的任意位置单击，“我的电脑”窗口就到了前面，盖住了一部分“寻找史酷比”窗口，这时“我的电脑”是活

读书笔记

动窗口。

步骤 3. 横向平铺两个窗口：在任务栏的空白处右击，在弹出的快捷菜单中单击“横向平铺窗口”命令，如图 2-38 所示。横向平铺窗口的结果如图 2-39 所示。我们看到两个窗口互不覆盖，一上一下平铺在桌面上。

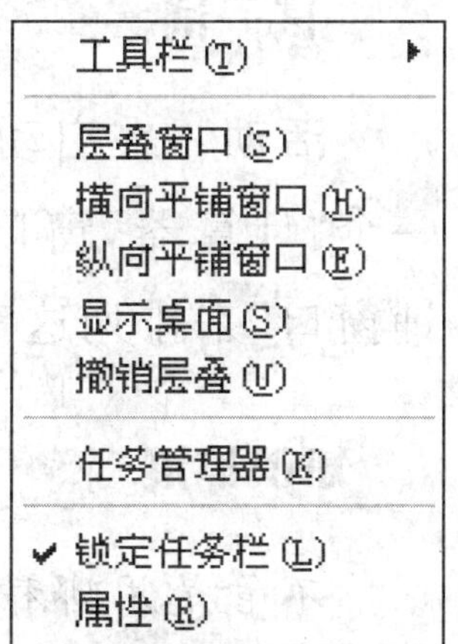

图 2-38　任务栏快捷菜单

这个时候在哪个窗口里操作，哪个窗口就是活动窗口。

图 2-39　横向平铺两个窗口

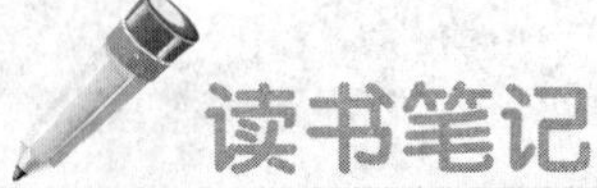

试一试

活动 在启动前面两个窗口的情况下，再启动一个“计算器”窗口。分别用“层叠窗口”、“纵向平铺窗口”来排列这三个窗口的位置。

知识扩展

不管是用哪种窗口排列方式，活动窗口只有一个。如果有一个窗口处于最小化状态，它将不参予窗口的排列。

2.6 菜单与对话框

2.6.1 菜单的种类

Windows XP 中菜单分为三类：“开始”菜单、窗口菜单和快捷菜单。这三种菜单在前面我们都接触过，特别是“开始”菜单。下面简单介绍一下后两种菜单。

窗口菜单：是在不同的应用程序窗口中菜单栏中的菜单，不同的应用程序的菜单是不相同的，都是针对其自身的功能而设计的。我们前面已经使用过“我的电脑”的几个菜单项了。

快捷菜单：在特定的位置或对象上右击弹出的菜单，叫快捷菜单，对于不同的位置、对象快捷菜单的内容是不相同的。前面我们已经使用过任务栏的快捷菜单设置多窗口位置，还使用过图标快捷菜单进行重命名和创建桌面快捷方式。

2.6.2 菜单的使用约定

(1)灰色命令:表示该命令项当前不可用。如图 2-40 所示,因为还没有选中要剪切或复制的对象,在"我的电脑"编辑菜单中剪切、复制等命令项是灰色的,表示当前不可用。

(2)带有快捷键的命令:命令项右边的组合键称为执行该命令的快捷键,表示用户可以不打开菜单,直接利用此组合键就可以执行该命令,即通过按键盘上的〈Ctrl〉+〈对应字母〉执行该命令,方便用户操作,如〈Ctrl〉+〈A〉就是"全部选定"命令的快捷键。

(3)带有省略标记"…"的命令:表示执行该命令项时,将会弹出一个对话框,在对话框中执行或改变某项设置。对话框的具体操作见 2.6.3。

(4)菜单的分隔线:有时根据菜单命令的功能组合,将各菜单命令之间用一条灰色的虚线分开,形成若干菜单命令组,同一组中的菜单命令功能一般比较相似。

(5)带有右箭头标记▶的命令:表示该命令项是级联式命令,选择级联式命令时,在命令项旁边又会列出下一级菜单,如图 2-41 所示,在"我的电脑"窗口菜单的"查看"下拉菜单中"工具栏"、"浏览器栏"等命令项都是级联式命令。

撤销(U)　Ctrl+Z
剪切(T)　Ctrl+X
复制(C)　Ctrl+C
粘贴(P)　Ctrl+V
粘贴快捷方式(S)
复制到文件夹(F)...
移动到文件夹(V)...
全部选定(A)　Ctrl+A
反向选择(I)

图 2-40　灰色命令

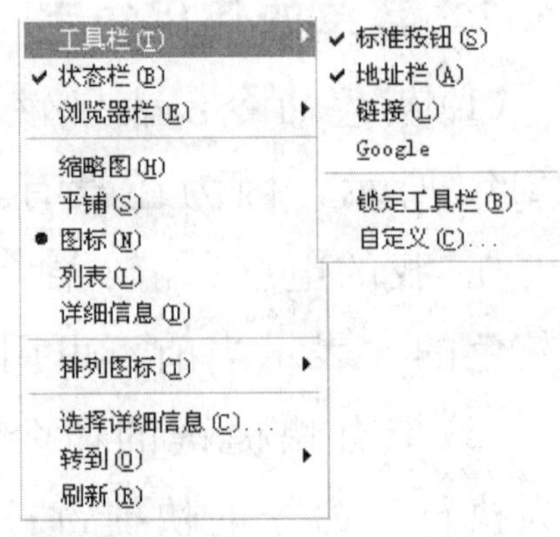

图 2-41　级联式命令

(6)带有对勾标记√的命令项：表示此命令项当前已选中执行了，再次选中该命令项，对勾标记√将消失，表示关闭该命令项。同时，此命令组内的命令为复选项，可以同时选中多个命令项。如图 2-41 所示：在“我的电脑”“查看”下拉菜单的“工具栏”级联菜单中，可同时选中显示“标准按钮”工具栏、“地址栏”工具栏等命令项。

(7)带有圆点标记•的命令项：表示该选项已被选中，此命令组内的命令为单选项，只能选中一项。如“大图标”、“小图标”等命令项是单选命令项。

(8)带有“”标记的下拉菜单：表示该菜单还有命令项被折叠，将鼠标指针移至该标记上等待一会儿或单击该标记，将展开所有命令项，系统通常会将不常用的命令项折叠起来以节省屏幕空间。

2.6.3　对话框的基本操作

知识讲解

“对话框”顾名思义就是我们与电脑对话的容

器。电脑终究是机器，有些事情它自己确定不了，于是就借助对话框来向我们请示，请示的内容不同，对话框里的内容就不同。

大多数对话框都是通过单击菜单中的后面带有省略标记"…"的命令打开的，少数是通过对电脑的一些属性设置命令打开的。

读书笔记

学习园地

任务 设置 Windows XP 自带的桌面背景

步骤 1. 在桌面上没有任何对象的任意位置右击，在弹出的快捷菜单中单击"属性"命令，打开"显示属性"对话框，如图 2-42 所示。

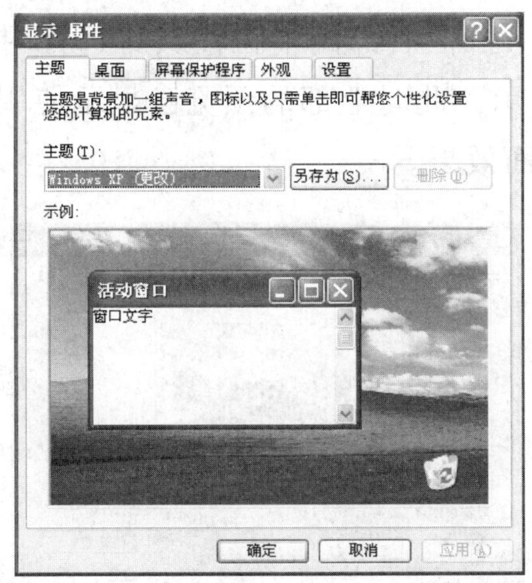

图 2-42 "显示属性"对话框

步骤 2. 对话框中有 5 个选项卡，分别是"主题"、"桌面"、"屏幕保护程序"、"外观"和"设置"。单击"桌面"选项卡，显示如图 2-43 所示。

读书笔记

图 2-43 “显示属性”对话框的“桌面”选项卡

步骤 3. 单击选中“背景”框中的“Ascent”，单击“位置”下拉框后部的下拉箭头，选择“拉伸”，如图 2-44 所示。此时上部的预览已显示使用这张背景图时的桌面效果。

图 2-44 设置新的桌面背景图

步骤 4. 单击“确定”按钮，完成设置，关闭“显示属性”对话框。此时我们会看到桌面的背景图已经更改。

试一试

活动 用“素材”文件夹下名为“DSC03922”的照片作为桌面背景。设置时在图 2-44 画面单击“浏览”按钮，打开“浏览”对话框。在“浏览”对话框中进入 D 盘的“素材”文件夹，选中“DSC03922”图标，单击“打开”按钮，将这张照片设置为桌面背景图片，回到“显示属性”对话框后，单击“确定”按钮即可。

2.7 进阶练习——电脑的个性化设置

2.7.1 设置屏幕保护程序

屏幕保护程序是为了在长时间没有鼠标和键盘操作时节省电力并保护屏幕而设计的一些小程序。设置了屏幕保护程序后，在我们设置的时长内，没有鼠标和键盘操作时，屏幕保护程序会自动启动。屏幕保护程序会显示一些图形、图案，覆盖桌面，当我们需要开始使用电脑时，动一下鼠标即可结束屏幕保护程序，回复桌面。

步骤 1. 在桌面上右击，在弹出的快捷菜单上单击“属性”命令，打开“显示属性”对话框，单击选择第 3 个“屏幕保护程序”选项卡，如图 2-45 所示。当前没有设置屏幕保护程序，在“屏幕保护程序”区

域内的下拉列表处显示的是“无”。

步骤 2. 单击“屏幕保护程序”区域内的下拉列表的小箭头，从中选取“三维花盒”，单击“等待”时间设置为 10，如图 2-46 所示。

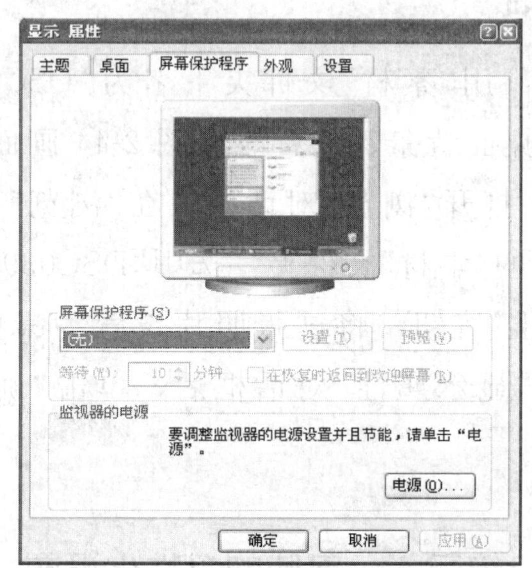

图 2-45 “屏幕保护程序”选项卡

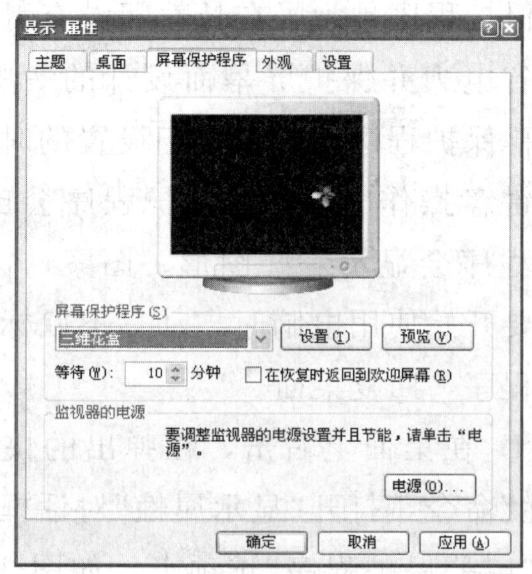

图 2-46 设置屏幕保护程序为“三维花盒”

步骤 3. 此时单击“确定”按钮即可设置完成。在单击“确定”按钮之前，可以单击“预览”按钮，看一下这个屏幕保护的效果。之后动一下鼠标即可回复到设置画面。

2.7.2 设置电脑的日期和时间

步骤 1. 在 Windows XP 默认情况下，在任务栏最右侧的通知区域中的最右边一项显示的是当前的时间，如图 2-47 所示。

图 2-47 通知区域最右侧显示当前时间

步骤 2. 双击这个时间，打开“日期和时间属性”对话框，如图 2-48 所示。

图 2-48 “日期和时间属性”对话框

步骤 3. 在“时间和日期”选项卡中就可以调整年、月、日和时间了，在“时区”选项卡中可以设置所在的时区。设置完成后单击“确定”按钮确认设置的结果并关闭“日期和时间属性”对话框。

读书笔记

2.7.3 调整声音的大小

在我们通过电脑听音乐、看电影、玩游戏的时候，经常需要随时调整声音。

步骤 1. 在 Windows XP 默认情况下，在任务栏最右侧的通知区域中有一个像喇叭一样的图标，这个图标是“音量”图标，如图 2-49 所示。

图 2-49 通知区域的“音量”图标

步骤 2. 简单调整音量：单击“音量”图标会弹出如图 2-50 的音量调整对话框，通过勾选“静音”复选框可以关闭电脑的声音，也可以通过拖曳“音量”拨杆调高或降低音量。调整完成后，在对话框外任意处单击即可关闭音量调整对话框。

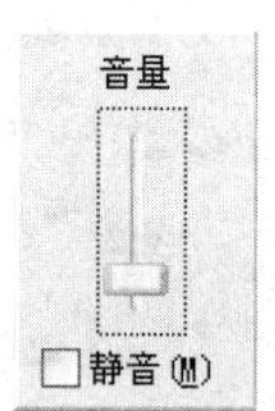

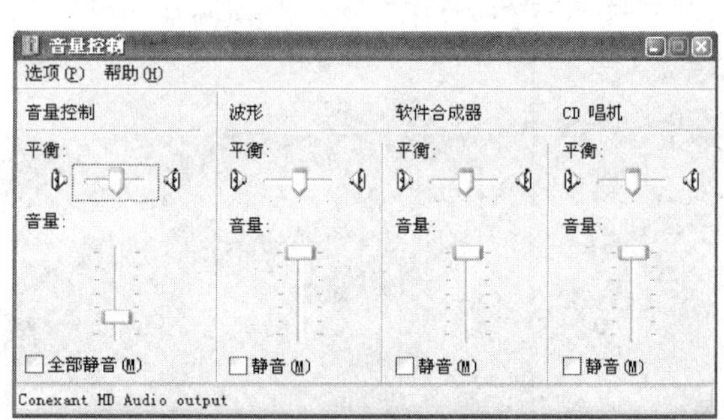

图 2-50 音量调整　　图 2-51 “音量控制”对话框

步骤 3. 双击“音量”图标，打开“音量控制”对话框，除调整电脑输出音量外，还可以调整“波形”、“软件合成器”、“CD 唱机”的音量。调整完成后，单击对话框右上角的“关闭”按钮即可。

第 3 章　输入文字并不难

读书笔记

学习重点

1. 了解键盘。
2. 学会正确的打字姿势和指法。
3. 输入字母和数字。
4. 输入标点符号和特殊符号。
5. 输入中文。
6. 学会微软拼音输入法。

3.1　认识键盘

键盘是我们向电脑输入数据或命令的另一最基本的设备。常用的键盘上有 101 个键或 103 个键。

键盘上的按键分为四个键区：打字机键区、功能键区、编辑键区、小键盘区，如图 3-1 所示。

图 3-1　键盘布局分区

3.1.1　打字机键区

它是键盘的主要组成部分，它的键位排列与标准英文打字机的键位排列一样。该键区包括了数字

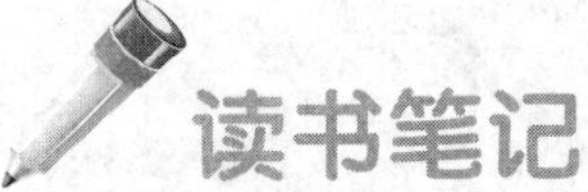

键、字母键、常用运算符以及标点符号键，除此之外还有几个特殊的按键，如图 3-2 所示。

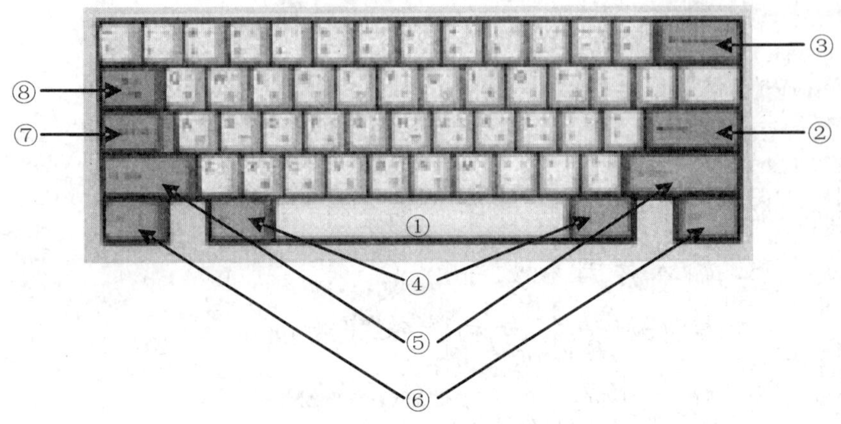

图 3-2　打字机键区的几个特殊键

表 3-1 列出了打字机键区的几个特殊的键及其用法。

表 3-1　打字机键区特殊键

图 3-2 中对应符号说明	键的名称	主要功能说明
①	空格键	键盘上最长的条形键。每按一次该键，将在当前光标的位置上空出一个字符的位置
②	【Enter】回车键	在打字键区右边 1. 在输入完命令后，按下该键，则表示确认命令并执行 2. 在编辑文件时，每按一次该键，将换到下一行的行首输入。就是说，按下该键后，表示输入的当前行结束，以后的输入将另起一段
③	【←】或【BackSpace】退格删除键	在打字键区的右上角。每按一次该键，将删除当前光标位置的前一个字符
④	【Alt】转换键	在打字键区第五行，左右两边各一个。该键要与其他键配合起来才有用。例如，按【Ctrl】+【Alt】+【Del】键，可重新启动计算机(称为热启动)

续表

图 3-2 中对应符号说明	键的名称	主要功能说明
⑤	【Shift】换挡键或上挡键	换挡键在打字键区共有两个，它们分别在主键盘区从上往下数第四行，左右两边各有一个 1. 对于符号键(键面上标有两个符号的键，例如：“＝”键上面还印有“＋”)来说，直接按下这些键时，所输入的是该键键面下半部所标的那个符号(如“＝”)；如果按住【Shift】键同时再按下双字符键，则输入为键面上半部所标的那个符号(如“＋”) 2. 对于字母键而言：当键盘右上角标的 Caps Lock 的指示灯不亮时，按住【Shift】键的同时再按字母键，输入的是大写字母。Caps Lock 指示灯亮时，按【Shift】＋字母键会输入小写字母
⑥	【Ctrl】控制键	在打字键区第五行，左右两边各一个。该键必须和其他键配合才能实现各种功能，这些功能是在操作系统或其他应用软件中进行设定的。例如，按【Ctrl】＋【Break】键(说明：“＋”指同时按下【Ctrl】和【Break】键，此类键称为复合键，详细见 3.1.2)，则起中断程序或命令执行的作用
⑦	【Caps Lock】大写字母锁定键	在打字键区左边。该键是一个开关键，用来转换字母大小写状态。每按一次该键，键盘右上角标有 Caps Lock 的指示灯会由不亮变成发亮，或由发亮变成不亮 1. 如果 Caps Lock 指示灯发亮，则键盘处于大写字母锁定状态 1)这时直接按下字母键，则输入为大写字母 2)如果按住【Shift】键的同时，再按字母键，输入的反而是小写字母 2. 如果 Caps Lock 指示灯不亮，则大写字母锁定状态被取消
⑧	【Tab】制表键	在打字键区第二行左首。在编辑文件时，用来将光标向右跳动 8 个字符间隔

读书笔记

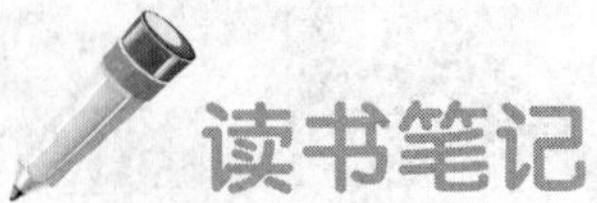

3.1.2 功能键区

位于键盘的最上面一排，用于执行一些特定的功能。

表 3-2 列出了功能键区各键的具体用法。

表 3-2 功能键区各键的功能

序号	键的名称	主要功能说明
1	【Esc】 取消键	在操作系统和应用程序中，该键经常用来退出某一操作或正在执行的命令
2	【F1】～【F12】 功能键	在计算机系统中，这些键的功能由操作系统或应用程序所定义。如按【F1】键常常能得到帮助信息
3	【PrintScreen】 屏幕打印键	在打印机已联机的情况下，按下该键可以将计算机屏幕的显示内容通过打印机输出
4	【ScrollLock】 屏幕滚动显示锁定键	也是一个开关键，目前该键已作废
5	【Pause】或【Break】 暂停键	该键功能目前也基本作废

3.1.3 编辑键区

编辑键区位于打字机键区和小键盘区之间。

表 3-3 列出了编辑键区各键的具体用法。

表 3-3 编辑键区各键的功能

序号	键的名称	主要功能说明
1	【Insert】或【Ins】 插入字符开关键	在编辑文件时，按一次该键，进入字符插入状态；再按一次，则取消字符插入状态

续表

序号	键的名称	主要功能说明
2	【Delete】或【Del】删除键	在系统中可用于删除文件或文件夹 在编辑文件时，按一次该键，可以把当前光标所在位置的字符删除掉
3	【Home】行首键	在编辑文件时，按一次该键，光标会移至当前行的开头位置
4	【End】行尾键	在编辑文件时，按一次该键，光标会移至当前行的末尾
5	【PageUp】或【PgUp】向上翻页键	用于浏览当前屏幕显示的上一页内容
6	【PageDown】或【PgDn】向下翻页键	用于浏览当前屏幕显示的下一页内容
7	←↑→↓光标移动键（方向键）	使光标分别向左、向上、向右、向下移动一格

说明：编辑键区的按键功能在小键盘区都能实现。

3.1.4 小键盘区（也称辅助键盘或数字键盘）

它主要是为大量的数据输入提供方便。该区位于键盘的最右侧。在小键盘区上，大多数键都是上下挡键（即键面上标有两种符号的键），它们一般具有双重功能：一是代表数字键；二是代表编辑键。小键盘的转换开关键是【NumLock】键（数字锁定键），该键是一个开关键。每按一次该键，键盘右上角标有 Num Lock 的指示灯会由不亮变为发亮，或由发亮变为不亮。这时，如果 Num Lock 指示灯亮，则小键盘的键作为数字符号键来使用，否则具有编辑键或光标移动键的功能。

读书笔记

3.2 正确的打字姿势和指法

3.2.1 操作键盘的正确姿势

在初学键盘操作时，应该注意打字的姿势。正确的打字姿势如图 3-3 所示。如果打字姿势不正确，就不能准确快速地输入，也容易疲劳。正确的姿势应做到以下几个方面。

(1)坐姿要端正，腰要挺直，肩部放松，两脚自然平放于地面。

(2)手腕平直，两肘微垂，轻轻贴于腋下，手指弯曲自然适度，轻放在基本键上。

(3)显示器放在键盘的正后方，视线要投注在显示器上，不应常看键盘，以免视线一往一返，增加眼睛的疲劳。

(4)座椅的高低应调至适当的位置，以便于手指击键。

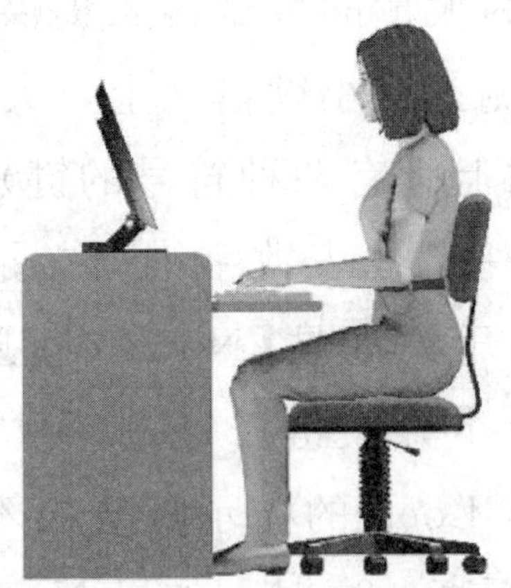

图 3-3 正确的打字姿势

读书笔记

3.2.2　打字的键盘指法

键盘指法是指如何运用十个手指击键的方法，即规定每个手指分工负责击打哪些键位，以充分调动十个手指的作用，并实现不看键盘地输入（盲打），从而提高击键输入的速度。

1. 英文打字指法

键位及手指分工如图 3-4 所示。

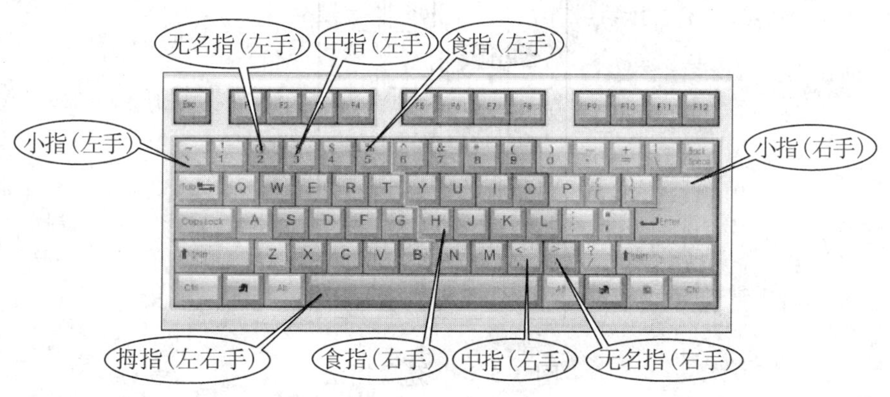

图 3-4　打字的指法

键盘的“ASDF”和“JKL;”这 8 个键位定为“基本键”。输入时，左右手的 8 个手指头（大拇指除外）从左至右自然平放在这 8 个键位上。（说明：大多数键盘的 F、J 键键面有一点不同于其余各键：触摸时，这两个键键面均有一道明显的微凸的横杠或圆点，这在盲打时找键位很有用。左手的食指放在“F”键上，右手食指放在“J”键上。）

键盘的打字键区分成两个部分，左手击打左部，右手击打右部，且每个字键都有固定的手指负责。

读书笔记

2. 小键盘指法

如图 3-5 所示，小键盘共有 4 列键，正好把我们右手除拇指以外的 4 个手指都用上，大拇指只负责按“0”。与英文打字指法相同，小键盘指法也有 3 个基本键，那就是“4”、“5”、“6”，在数字“5”这个键上也有一个明显凸起的圆点。

图 3-5 小键盘指法

3.2.3 正确的击键方法

掌握了正确的操作姿势，还要有正确的击键方法。初学者要注意以下几个问题。

(1)平时各手指要放在基本键上。打字时，每个手指只负责相应的几个键，不可混淆。

(2)打字时，一手击键，另一手必须在基本键上处于预备状态。

(3)手腕平直，手指弯曲自然，击键只限于手指指关节，身体其他部分不得接触工作台或键盘。

(4)击键时，手抬起，只有要击键的手指才可伸出击键，不可压键或按键。击键之后手指要立刻回到基本键上，不可停留在已击的键上。

读书笔记

(5)击键速度要均匀，用力要轻，有节奏感，不可用力过猛。

(6)初学打字时，要讲求击键准确，其次再求速度，开始时可用每秒钟打一下的速度。

3.3 输入字母、数字和符号

3.3.1 输入字母、数字

知识讲解

输入字母首先是要注意熟悉键盘上的键位，熟悉哪个字母在哪个位置。其次是在适当时候选择适当的大小写切换方式。如果输入的内容大部分是小写字母时，大写锁定处于关闭状态(即大写锁定指示灯是不亮的状态)为宜，此时要输入大写字母时使用上挡键(Shift)即可。反之，如果输入的内容大部分是大写字母，则应在大写锁定处于开启状态。大写锁定的状态可以通过按“大写锁定”键(Caps Lock)进行切换。

学习园地

任务1 熟悉字母键位

步骤1. 单击“开始”按钮，在“开始”菜单的“所有程序”中的“附件”列表中单击“记事本”，打开“记事本”窗口，如图3-6所示。

步骤2. 单击菜单栏中的“格式”，在下拉菜单中单击“字体”命令，打开“字体”对话框，“大小”栏

中输入“40”，将字体大小设置为 40 磅，如图 3-7 所示。

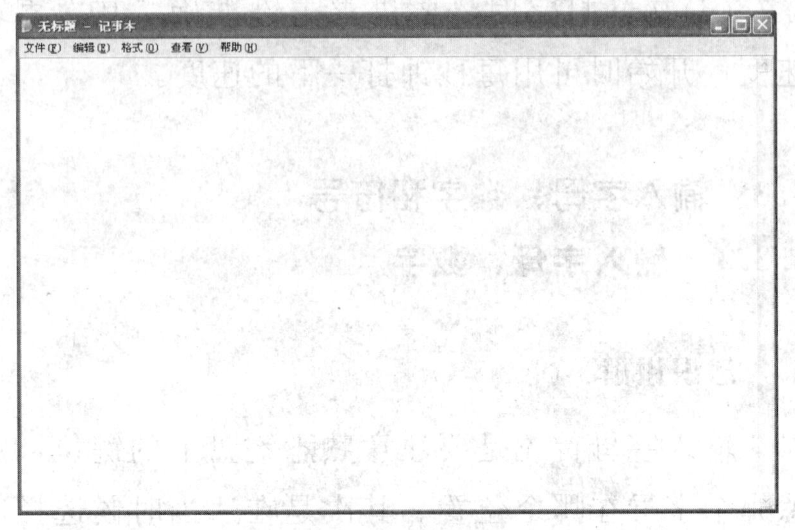

图 3-6　打开“记事本”窗口

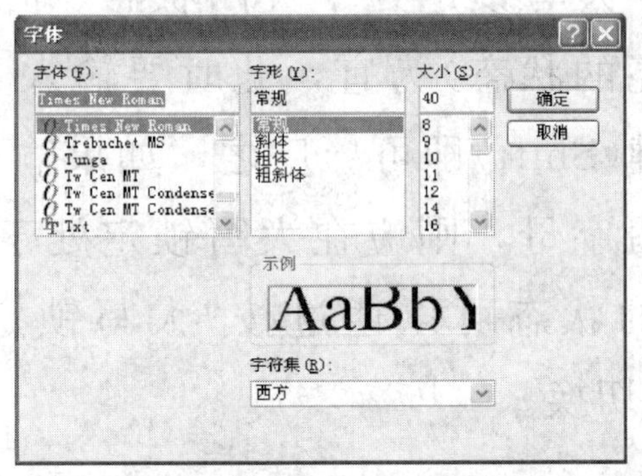

图 3-7　在“字体”对话框中设置字体大小

步骤 3. 单击“确定”按钮，完成字体大小的设置，关闭“字体”对话框。

默认状态下，英文输入是非大写锁定状态，此时可以输入小写英文字母。按英文 26 个字母的顺序输入一遍小写英文字母，如图 3-8 所示。注意有意地去记忆字母所在的位置。

读书笔记

图 3-8 按英文字母顺序输入 26 个小写英文字母

步骤 4. 按"回车"(Enter)键换行，多输入几遍。

步骤 5. 按一下"大写锁定"键(Caps Lock)，进入大写锁定状态，此时在键盘右上角的大写锁定指示灯(Caps Lock)会亮。再按字母顺序输入几遍大写的英文字母。

任务 2 熟悉上挡键(Shift)的使用

步骤 1. 在"记事本"窗口中，单击菜单栏中的"编辑"，在下拉菜单中单击"全选"命令，选中刚才输入的所有内容。按编辑键区的"删除"键(Del)，删除选中的内容。

步骤 2. 确认当前大写锁定为关闭状态(大写锁定指示灯不亮)，如果当前处于大写锁定状态，按一下"大写锁定"键(Caps Lock)，关闭大写锁定状态。

步骤 3. 按英文字母顺序，每 6 个字母为 1 组，中间用空格分开(按空格键)，每组的第 1 个字母配合上挡键输入大写字母，其他字母为小写，结果如图 3-9 所示。多练习几遍。

步骤 4. 练习结束时，单击窗口右上角的关闭按钮，此时会弹出"记事本"保存对话框，如图 3-10 所示。

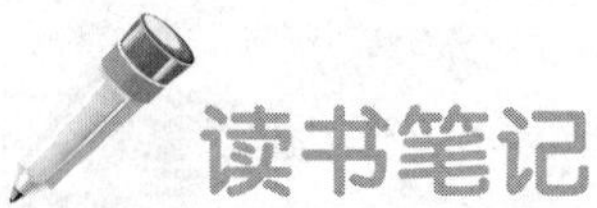

图 3-9　分段输入大小写混合字母

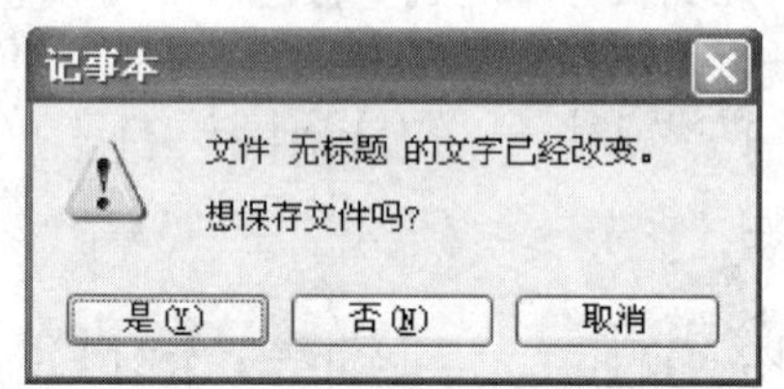

图 3-10　“记事本”保存对话框

单击“否”按钮则不保存我们练习的内容，关闭“记事本”窗口；单击“取消”按钮，则回到“记事本”窗口的编辑状态；单击“是”按钮可以保存文件，此时会弹出“另存为”对话框，单击左侧的“桌面”按钮，将练习的结果文件保存到桌面，在“文件名”后面的文本框中输入“abc”，如图 3-11 所示。单击“保

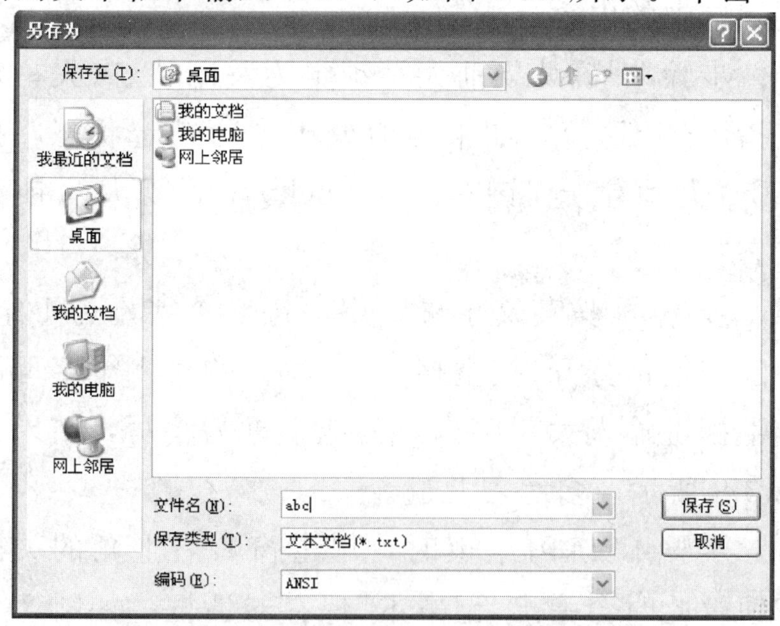

图 3-11　记事本“另存为”对话框

存”按钮，我们的练习结果文件就保存到桌面上了，文件名叫“abc”。

想要再看看我们的练习结果，双击桌面上的“abc”文件图标即可。

试一试

活动　在记事本中试着把 26 个字母和 10 个数字一起输入练习一下。可以输入以下内容：

Abcde1 Fghij2 Klmno3 pqrst4 uvwxy5 z6

Abcde7 Kghij8 Klmno9 pqrst0

注意结合大小写的输入练习。

3.3.2　输入标点符号

知识讲解

输入标点符号与输入英文字母一样，首先是要熟悉标点符号键在键盘上的位置，其次是要熟悉哪些标点符号要配合上挡键才能输入。

例如，输入逗号“,”，这个逗号键在打字机键区的第 3 行字母的右数第 4 个位置，直接按就是输入逗号。而在这同一个逗号键上，还印着小于号“＜”，只是印刷的位置在上面，要输入小于号，就要配合上挡键按这个键。

又如，所有的数字键上面都印有 1 个标点符号，要想输入这些符号也要配合上挡键。

学习园地

任务　在“记事本”中把键盘上有的标点符号都

读书笔记

读书笔记

输入一遍

步骤 1. 打开“记事本”。

步骤 2. 输入“11”，回车换行，输入“12”，回车换行，输入“21”……输入结果如图 3-12 所示。

无标题 - 记事本
文件(F) 编辑(E) 格式(O) 查看(V) 帮助(H)

11
12
21
22
31
32
41
42

图 3-12　在第一行开始处输入序号标记

步骤 3. 按编辑键区的“向上”键“↑”，将输入光标移动到记事本文档第 1 行的“11”之后，从这里开始不使用上挡键直接按键输入打字机键区第 1 行的标点符号（数字不输入），一共有 3 个：“`”，“－”，“＝”。

步骤 4. 按编辑键区的“向下”键“↓”，将输入光标移动到第 2 行的“12”后面，从这里开始配合上挡键输入第 1 行的标点符号，一共有 13 个。

这样我们在前两行就把第 1 行按键中能输入的标点符号都列出来了，而且按照是否需要配合上挡键将符号分在两行显示出来。

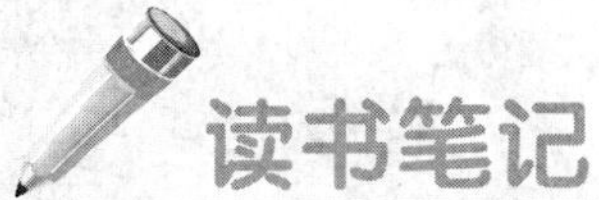

步骤 5. 按照同样的思路把下面 3 行的所有符号都排列出来了，列出的结果如图 3-13 所示。

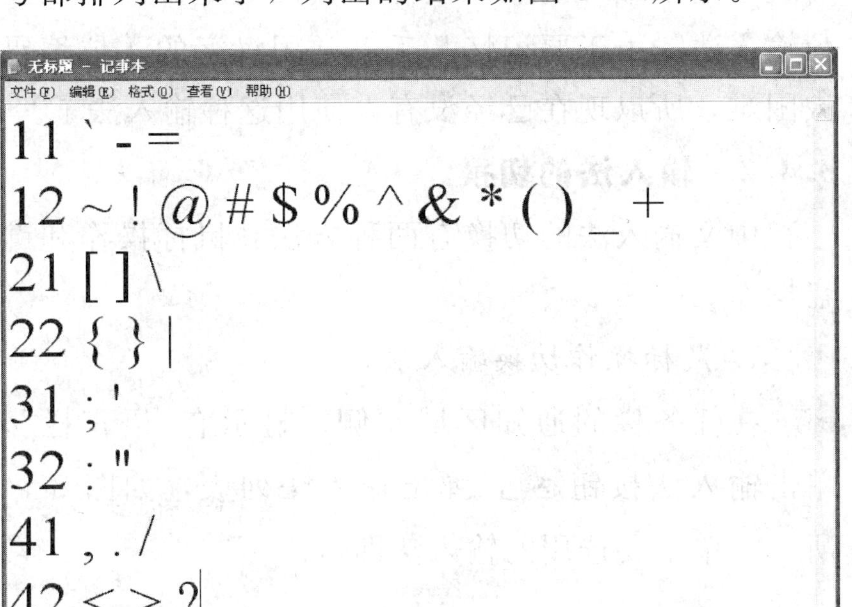

图 3-13 所有可以通过键盘输入的符号

步骤 6. 单击菜单栏中的“文件”，在下拉菜单中单击“保存”命令，将文件保存到桌面，文件名为“01”。

3.4 输入中文

3.4.1 常用的中文输入法

Windows XP 自带的中文输入法有区位，微软拼音，智能 ABC 拼音，拼音，郑码，现在比较流行的输入法有五笔字型，搜狗拼音，QQ 拼音等。

中文输入法分为音、形、编码 3 类。以字音为基础的占多数，如各种拼音输入法；以字形为基础的不多，如五笔字型输入法，也有结合字音和字形

的输入法，如郑码；为每个汉字定一个编号，输入时直接输入编号的输入法是以编码为基础的，如区位输入法，由于要记忆几千个常用汉字的4位编码太困难，所以现在已经没有人使用这种输入法了。

3.4.2 输入法的切换

中文输入法的切换有两种方法：鼠标操作和键盘操作。

1. 鼠标操作切换输入法

在任务栏的通知区域左侧，显示有“语言栏”，单击输入法按钮，弹出输入法列表，如图3-14所示。单击要选用的输入法即可。

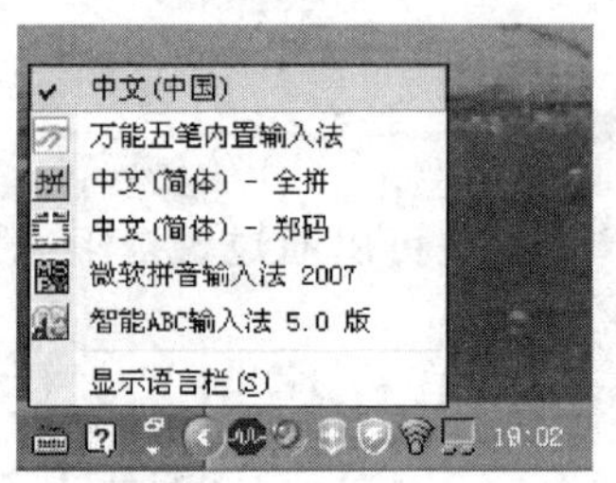

图 3-14 输入法列表

2. 键盘操作切换输入法

在按住“Ctrl”键时，每按一下“Shift”键，会切换一种输入法，切换的顺序是按输入法列表中输入法的排列顺序。

注意：切换输入法必须是在可以输入文字的情况下，如在文字处理软件中，文件重命名时可以切换输入法。如果是在非输入状态，用哪种切换输入法的方法都无法切换输入法。

读书笔记

3.5 进阶练习——用微软拼音输入法输入汉字

微软拼音输入法是按照我国的汉语拼音方案(见附录)设计的，可以输入单字、词组，甚至可以直接输入句子。

3.5.1 输入一个单字

我们的汉字有一个特点，那就是字多音少，所以输入一个字音会有许多可选的同音字，在输入法中称为“重码”，对于重码的字就需要我们去选择。

任务 在记事本中输入“锄禾日当午”

步骤 1. 打开“记事本”。

步骤 2. 将输入法切换为“微软拼音输入法”。

步骤 3. 输入“chu”，显示如图 3-15 所示。

图 3-15 输入拼音“chu”后的输入法提示

步骤 4. 此时输入法提示出 9 个同音的汉字，这里没有我们要输入的“锄”字，我们按“＝”键，向后翻页，如图 3-16 所示。

图 3-16 重码字提示的第 2 页

步骤 5. 这次提示的 9 个同音字中的第 3 个字是我们要输入的字，按“3”键选中“锄”字，如图 3-17 所示。

图 3-17　选中要输入的“锄”字

这时“锄”字已经被选中，注意此时在“锄”字下方有一条虚线，表示现在仍处在选字的过程中，这个字如果选错了，可以重新选。下一个字我们来试一下。

步骤 6. 按“Enter”键确认输入“锄”字，“锄”字下的虚线消失。输入拼音“he”，显示如图 3-18 所示。

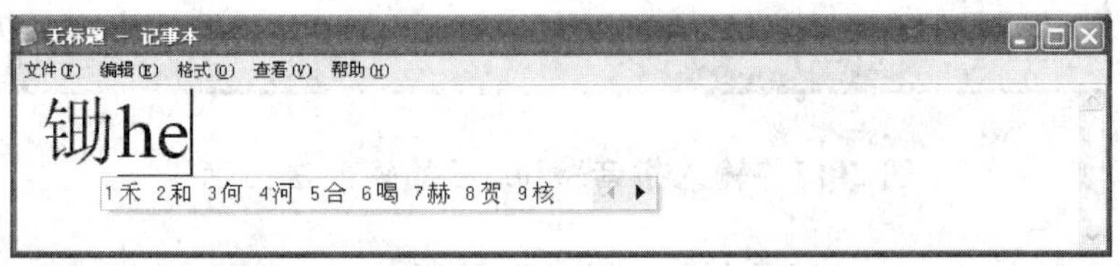

图 3-18　输入拼音“he”后的输入法提示

步骤 7. 这时我们选个错字，按“2”选中“和”字，如图 3-19 所示。

图 3-19　选中错字“和”

读书笔记

步骤 8. 要修改这个错字，在字下有虚线的情况下，按编辑键区的“向左”键，如图 3-20 所示。

图 3-20　在输入过程中返回选错的字

步骤 9. 按“2”键选正确的“禾”字，如图 3-21 所示。

图 3-21　重新选择正确的“禾”字

步骤 10. 确认输入的文字是正确的后，按“Enter”键确认输入的“禾”字，字下的虚线消失，如图 3-22 所示。

图 3-22　确定输入内容

步骤 11. 用同样方法输入后面的 3 个字，“日”、“当”、“午”，它们的拼音分别是“ri”、“dang”、“wu”，输入完成后在桌面保存这个文件，文件名为“锄禾”。

注意：保存文件时也要确认输入的字，如果字下还有虚线，文件保存将失败，会回到记事本窗口。

3.5.2 输入词组

用微软拼音输入法可以输入两个字以上组成的固定词组。

输入词组时，拼音可以输入全部拼音，也可以只输入词组组成字的声母(如："电"的全部拼音是"dian"，它的声母就是"d"，"脑"的全部拼音是"nao"，它的声母是"n"，合在一起，"电脑"这个词组的各个组成字的声母是"dn")。

微软拼音输入法有学习记忆功能，表现在两方面：一方面就是它会向我们学习并记住我们输入过的词组；另一方面是它会统计我们输入的字或词组的出现频率，并把我们常输入的字或词组放在重码列表提示的前面，方便我们选用。

任务 在记事本中输入"电脑"、"计算机"、"坚韧不拔"

步骤 1. 打开"记事本"。

步骤 2. 将输入法切换为"微软拼音输入法"。

步骤 3. 输入词组"电脑"的声母"dn"，显示如图 3-23 所示。

图 3-23 输入词组"电脑"的声母

步骤 4. 在提示中“电脑”在第 1 个提示位置，按“1”键或按“空格”键（只有当需要的字或词组在第 1 个提示位置时才能用“空格”键选取）选取，如图 3-24所示。

图 3-24 选取“电脑”

步骤 5. 输入词组“计算机”的声母“jsj”，显示如图 3-25 所示。

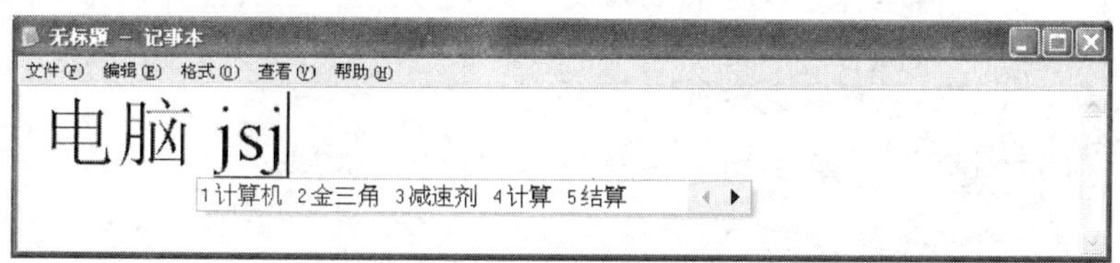

图 3-25 用声母输入词组“计算机”

步骤 6. 按两下“空格”键，确认输入的词组“计算机”。输入词组“坚韧不拔”的声母“jrbb”，如图 3-26所示。

图 3-26 输入词组“坚韧不拔”的声母

步骤 7. 在拼音提示里我们看到只有“坚忍不拔”，因为这是我们的汉语词典里有的成语，与我

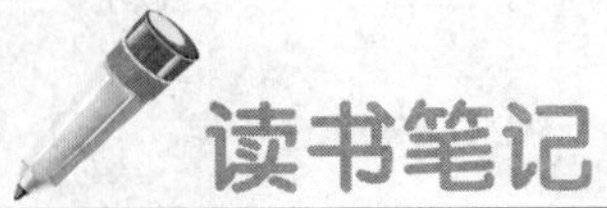

们要输入的差一个字。按“2”键选取“坚忍不拔”，如图 3-27 所示。

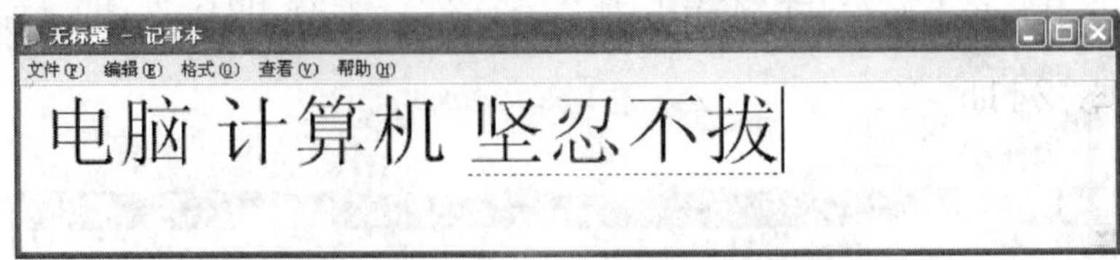

图 3-27 选取“坚忍不拔”

步骤 8. 按编辑区的“向左”键“←”，将光标移到“忍”字前，如图 3-28 所示。

图 3-28 移动光标，修改“忍”字

步骤 9. 按“2”键，选取“韧”字，如图 3-29 所示。

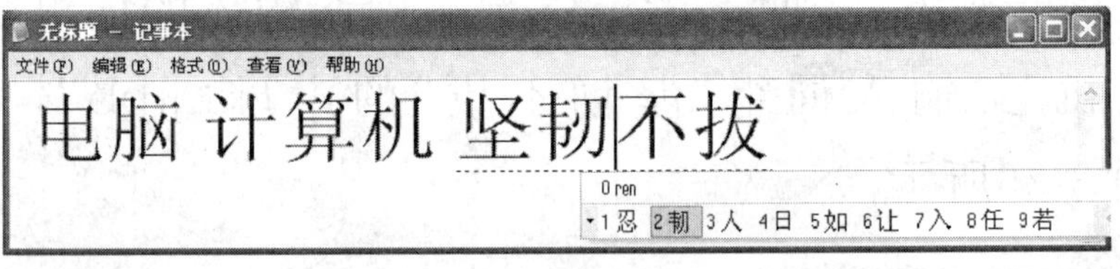

图 3-29 选取“韧”字

步骤 10. 按“空格”键确认词组的输入。此时再输入声母“jrbb”，在提示中就会出现“坚韧不拔”，而且由于刚刚输入过，它的提示位置是排在第 1 位的，如图 3-30 所示。

步骤 11. 用词组的输入方法接着输入“健康快

图 3-30 微软拼音学习结果

乐”、“心态平和”，输入完成后将文件保存到桌面，文件名为“词组”。

3.5.3 输入句子

既然微软拼音输入法在输入过程中可以修改，是不是可以输入句子呢，让我们来试一下。

任务 输入句子

在“记事本”中输入一句话“电脑的使用就是观察后操作，大胆尝试，操作中观察。”

步骤 1. 打开“记事本”。

步骤 2. 将输入法切换为“微软拼音输入法”。

步骤 3. 输入词组“电脑”的拼音“diannao”，显示如图 3-31 所示。

图 3-31 输入“电脑”的拼音

步骤 4. 继续输入“的使用就是观察后操作”的拼音，这个过程中每次微软拼音自动选取文字的结果如图 3-32～图 3-36 所示。

我们可以观察到微软拼音输入法会智能地替我

读书笔记

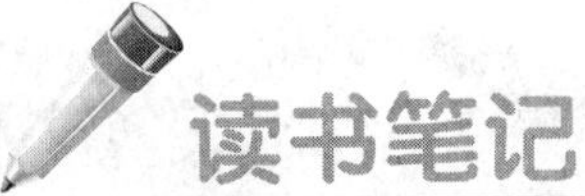

们选取文字。当然不会每次的选择都如我们所愿，这时只要使用“向左”和“向右”键找到不对的字或词进行修改就可以了。

图 3-32　输入“的使用”的拼音

图 3-33　输入“就是”的拼音

图 3-34　输入“观察后”的拼音

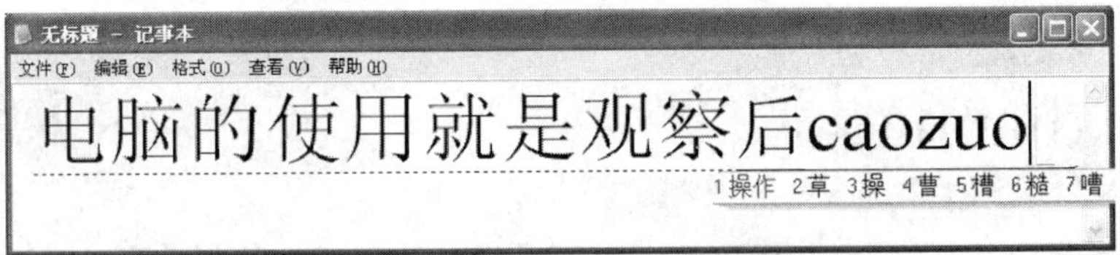

图 3-35　输入“操作”的拼音

图 3-36　输入逗号“，”

步骤 5. 按“空格”键确认前面句子的输入，利用同样方法，输入“大胆尝试，操作中观察。”，完成后保存文件到桌面，文件名为“句子”。

读书笔记

读书笔记

第 4 章　使用 Word 2003 学写作

学习重点

1. 文字输入和光标定位、选择文本。
2. 修改、移动和复制文字。
3. 字符格式的设置。
4. 段落格式的设置。
5. 图片的插入和简单编辑。
6. 艺术字的插入和简单编辑。
7. 文档的打印。

4.1　初识 Word 2003

Word 2003 是 Microsoft（微软）公司开发的Office套装软件中的文字处理软件，它具有完备的编写工具，界面友好，便于使用，经常用于制作和编辑办公文档。在今天的任务中，我们首先一起来学习如何启动和退出 Word 2003，以及它的窗口界面。

4.1.1　启动 Word

知识讲解

Office 套装软件包括多个版本，目前使用比较多的是 2002 版、2003 版和 2007 版，在这本书中以目前使用最广泛的 Office 2003 版为例进行讲解。

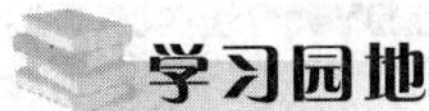

学习园地

读书笔记

任务　启动 Word

在 Office 安装完成后，就可以启动其中的 Word 2003 了。

步骤 1. 单击屏幕左下角的“开始”按钮 开始 。

步骤 2. 在弹出的开始菜单中选择“所有程序” 所有程序(P) 。

步骤 3. 在弹出的下一级菜单中指向“Microsoft Office”，自动展开下一级菜单，单击其中的“Microsoft Office Word 2003”，如图 4-1 所示，即可启动 Word 2003。

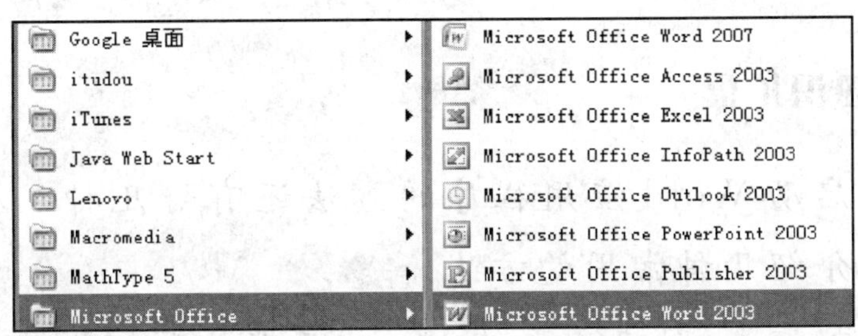

图 4-1　启动 Word 2003

步骤 4. 启动后的 Word 2003 窗口界面如图 4-2 所示。

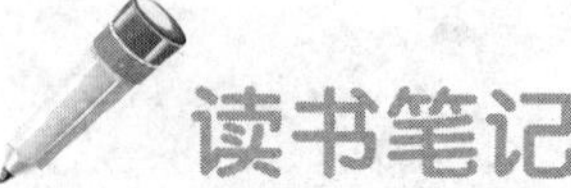

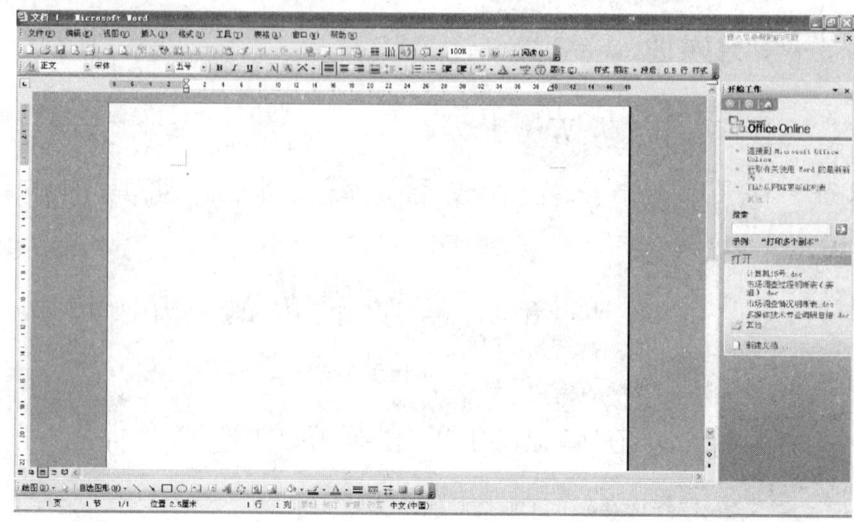

图 4-2　Word 2003 窗口界面

活动　请您启动 Word 2003 应用程序。

知识扩展

启动 Word 应用程序的方法还有好几种，在这里再介绍几种常用的方法。

方法 1. 双击已有的 Word 文档，在打开文件的同时启动 Word 应用程序。

方法 2. 如果桌面有 Word 应用程序的快捷方式，可以直接启动 Word 应用程序。

4.1.2　参观 Word 的窗口界面

启动 Word 后，就可以打开它的工作界面。主要由标题栏、菜单栏、工具栏、标尺、滚动杆和状

态栏等内容。

读书笔记

学习园地

任务 了解 Word 窗口的组成

(1)标题栏：位于窗口最上端的蓝色矩形区域，用于显示文档的名称，如图 4-3 中显示为“文档 1”。在标题栏的右侧分别为最小化按钮、还原按钮和关闭按钮。

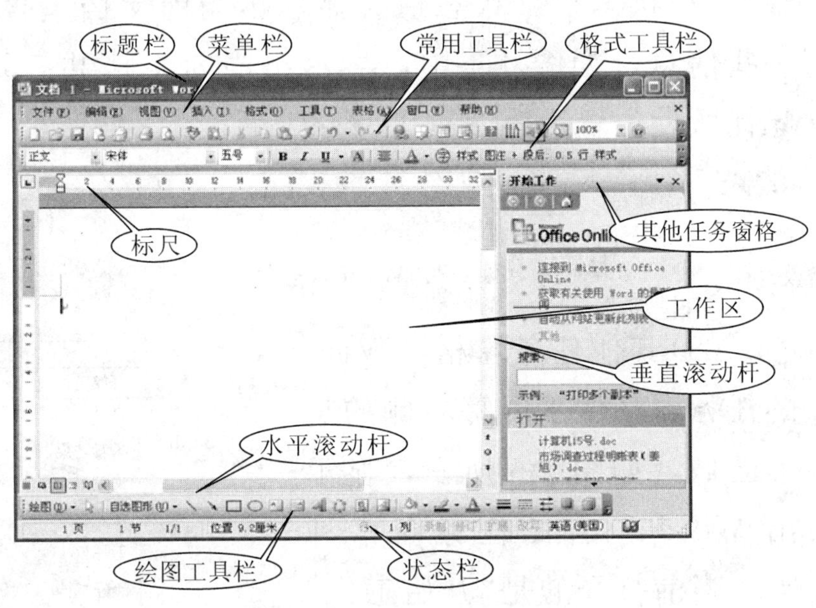

图 4-3 Word 窗口介绍

(2)菜单栏：菜单栏位于标题栏的下方，包含了 Word 所有的命令。

(3)常用工具栏：常用工具栏包含了 Word 文档操作中的一些常用的命令按钮，如“新建”文档、“打开”文档和“保存”文档等命令按钮。

(4)格式工具栏：格式工具栏包含了 Word 在

读书笔记

文档格式设置中常用的命令按钮，如设置文字的字体、字号和对齐方式等按钮。

(5)标尺：标尺包含水平标尺和垂直标尺，分别位于窗口工作区的上方和左侧。用于设置段落缩进的位置大小和设置页边距。

(6)滚动杆：滚动杆包含水平滚动杆和垂直滚动杆，分别位于窗口工作区的下方和右侧。用于调节显示文档的位置和翻页。

(7)状态栏：状态栏会显示出当前文档包含的一些信息，如图 4-4 中，显示出当前文档共 5 页，光标所处位置为第 3 页 15 行 21 列。

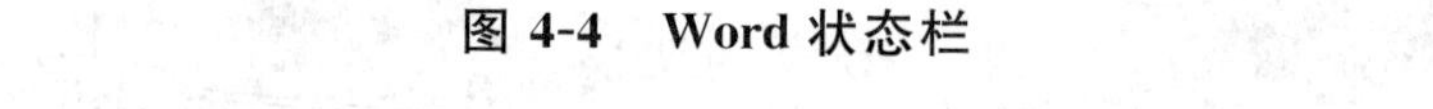

3 页　1 节　3/5　位置 26.6厘米　15 行　21 列

图 4-4　Word 状态栏

(8)其他任务窗格：Word 的任务窗格位于屏幕右侧的竖形区域，如图 4-5 所示，显示出 Word 包含的任务窗格种类，当前打开的是“开始工作”任务窗格，它们会在恰当的时间提供所需的工具，帮助您顺利完成工作。当执行某些任务时任务窗格会自动打开，如开始新的文档、寻求帮助或插入剪贴画等。

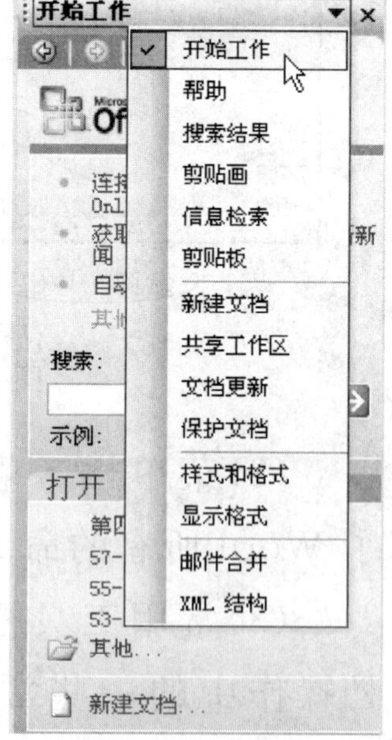

图 4-5　Word 任务窗格

4.1.3 退出 Word

读书笔记

知识讲解

当我们使用完 Word 应用程序后，需要采用正确的步骤退出，方法主要有以下三种。

学习园地

任务 退出 Word

方法 1. 单击 Word 窗口标题栏右上角的关闭按钮 ✕ 。

方法 2. 单击“文件”菜单中的“退出”命令，如图 4-6 所示。

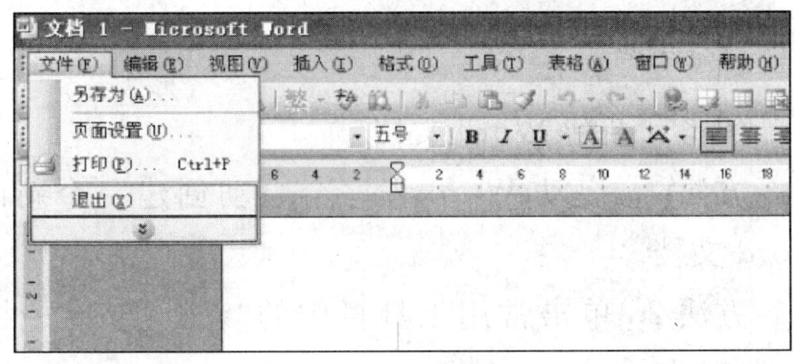

图 4-6 退出 Word

方法 3. 在 Word 窗口界面中直接按【Alt＋F4】组合键。

试一试

活动 请您关闭打开的 Word 2003 程序。

4.2 Word 的基本操作

如果说键盘和鼠标相当于笔，那么 Word 文档就如同纸张，要使用 Word 进行文档编排，首先要了解 Word 文档的一些基本操作，包括新建文档、保存文档、打开文档等内容。

4.2.1 新建 Word 文档

知识讲解

新建 Word 文档是文档编排最初始的工作，当我们从开始菜单运行 Word 应用程序时会自动新建一个空白的 Word 文档。

学习园地

任务 新建 Word 文档

方法 1. 启动 Word 程序会自动创建一个新的 Word 文档。

方法 2. 单击常用工具栏中的“新建空白文档”命令按钮□。

方法 3. 在 Word 窗口界面中直接按【Ctrl＋N】组合键。

活动 请您使用自己认为最简便的方法创建一个空白 Word 文档。

读书笔记

知识扩展

使用菜单命令也可以新建一个空白的 Word 文档，选择“文件”菜单中的“新建”命令，如图 4-7 所示。

文件(F) 编辑(E) 视图(V) 插入(I) 格式(O) 工具(T) 表格(A)
新建(N)...
打开(O)... Ctrl+O
关闭(C)

图 4-7 “新建”菜单

当我们单击这个菜单命令后位于窗口的右侧会出现“新建文档”任务窗格，如图 4-8 所示。我们可以实现新建空白文档、打开以前的文档或网页等操作。要执行哪项操作，只要单击相应的文字即可。

图 4-8

4.2.2 保存 Word 文档

知识讲解

当我们编辑完成一个文档后要将它保存到电脑中，以便于以后的查看和编辑修改。如果不进行保存，编辑的文档内容会丢失。

学习园地

任务　将当前的 Word 文档保存

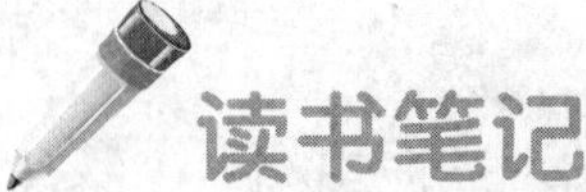

方法 1. 单击常用工具栏中的“保存”命令按钮，打开“另存为”对话框，如图 4-9 所示，单击对话框中的 保存(S) 按钮。

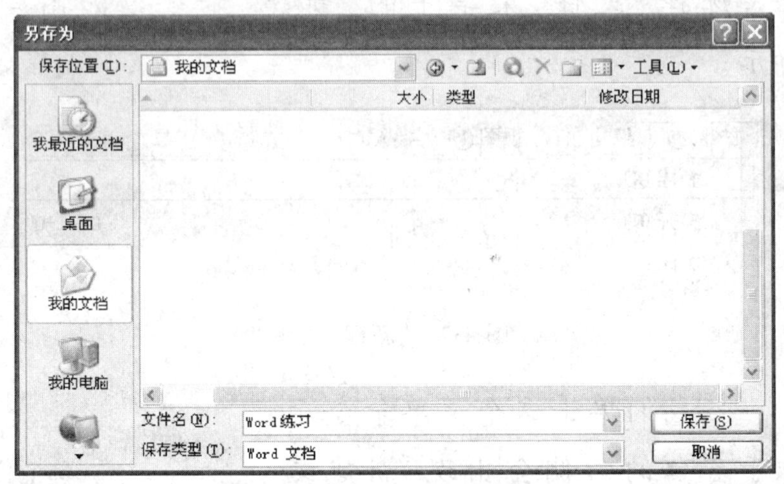

图 4-9 “另存为”对话框

方法 2. 在“文件”菜单中选择“保存”命令，同样会弹出“另存为”对话框，单击其中的 保存(S) 按钮。

活动 在 Word 中输入一段文字，并将其保存。

知识扩展

我们在保存 Word 文档时，默认的文件名通常是文档的第一句话，我们可以在“另存为”对话框的“文件名”一栏中输入指定的文件名，标记文件，便于以后再次使用时找到它。

读书笔记

任务 另存

将当前的 Word 文档另外保存到 D 盘“练习”文件夹中，文件名为“保存练习”。

步骤 1. 在“文件”菜单中选择“另存为”命令，打开“另存为”对话框，单击“我的电脑”按钮，如图 4-10 所示。

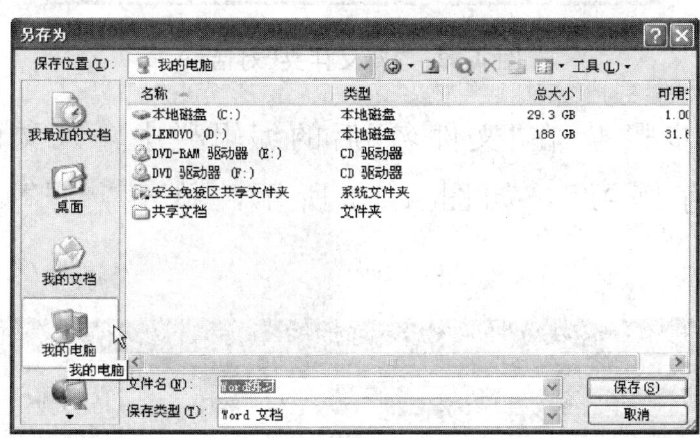

图 4-10 在“另存为”对话框中选择“我的电脑”

步骤 2. 双击列表中的 D 盘驱动器，如图 4-11 所示。

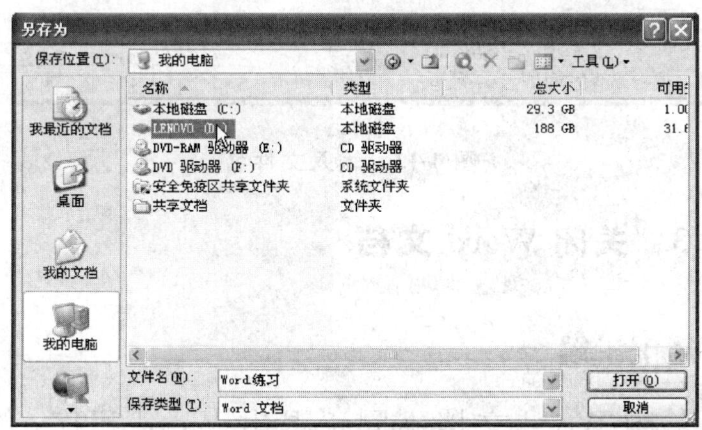

图 4-11 在“另存为”对话框中选择 D 盘驱动器

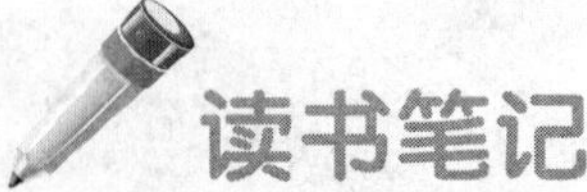

步骤 3. 单击对话框中的“新建文件夹”按钮，在弹出的“新文件夹”对话框中输入“练习”，如图 4-12所示，单击确定按钮。

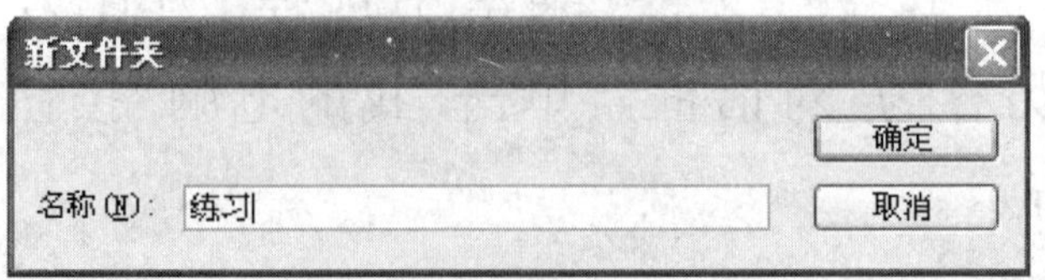

图 4-12 “新文件夹”对话框

步骤 4. 在“文件名”后的编辑栏中输入文件名“保存练习”，如图 4-13 所示，单击保存(S)按钮。

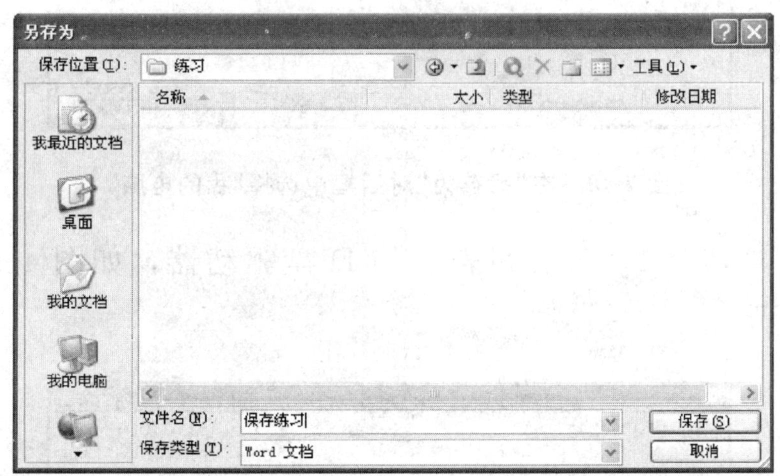

图 4-13 输入文件名

4.2.3 关闭 Word 文档

知识讲解

关闭 Word 文档不同于退出 Word 程序，只需单击右上角的“关闭窗口”按钮，此时，会关闭已经保存过的 Word 文档，但是不会退出 Word 程序。

读书笔记

试一试

活动 关闭当前 Word 文档。

4.2.4 打开 Word 文档

知识讲解

如果要对电脑中保存的文档进行编辑，首先需要将它打开。

学习园地

任务 打开 D 盘“练习”文件夹中的文件“保存练习”

步骤 1. 单击常用工具栏中的“打开”按钮，弹出“打开”对话框。

步骤 2. 选择路径 D 盘中的“练习”文件夹。

步骤 3. 选择 Word 文件“保存练习”，如图 4-14 所示，单击 打开(O) 按钮。

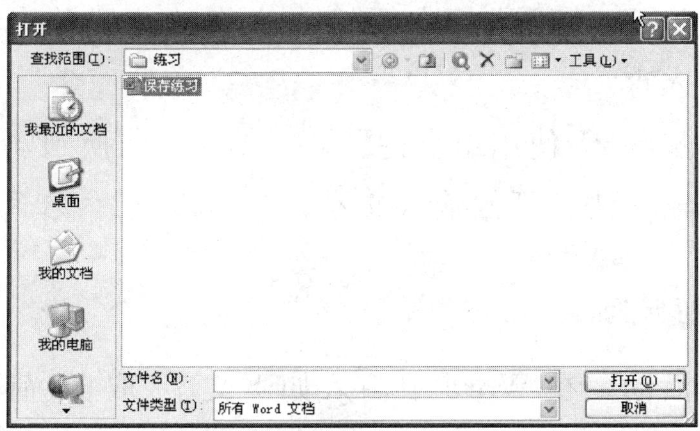

图 4-14 “打开”对话框

练一练

打开 D 盘“练习”文件夹中的文件“保存练习”。

4.3 Word 的文本编辑

Word 的主要功能就是可以方便快捷地输入和编辑文本，文本编辑的基本操作包括文字的输入、选择、插入、修改、删除、移动和复制等操作。

4.3.1 文本的输入

知识讲解

文字输入是制作文档的第一步，输入文本的方法很简单，只需要在文档编辑区中单击鼠标，出现不停闪烁的插入点光标“｜”后，在该位置输入文本即可。

学习园地

任务 在 Word 中输入一段文字

步骤 1. 用鼠标在要输入文字的位置单击，定位输入点。

步骤 2. 使用组合键【Ctrl＋Shift】切换到熟悉的中文输入法，开始输入文本。

练一练

活动 在 Word 中输入如下文字(取自《荷塘月色》)，并保存，命令为“荷塘月色”。

月光如流水一般，静静地泻在这一片叶子和花上。薄薄的青雾浮起在荷塘里。叶子和花仿佛在牛乳中洗过一样；又像笼着轻纱的梦。虽然是满月，天上却有一层淡淡的云，所以不能朗照；但我以为这恰是到了好处——酣眠固不可少，小睡也别有风味的。

读书笔记

4.3.2 光标的定位

知识讲解

在 Word 中光标所在的位置就是文字输入的位置，所以在输入文字前一定要确认光标的位置是否正确。光标是指在文本区中，一个黑色闪烁的竖线，它用来指示当前输入文字的位置。

练一练

活动 将光标定位在文档“荷塘月色”中“恰是到了好处”之后。

4.3.3 文本的修改

知识讲解

我们在进行文本编辑时，可能会发生错误，需要将错误的文字删除后重新输入正确的文字。删除文字可以使用【Delete】键或【Backspace】键。【Delete】键用于删除光标后的文本，而【Backspace】键用于删除光标前的文本。

读书笔记

学习园地

任务 删除文档中“虽然是满月”至最后

方法一 使用【Delete】键删除文字。

步骤 1. 在文本“虽然是满月”前单击鼠标左键，将光标定位在此处。

步骤 2. 重复按下【Delete】键，直至删除文本到段落最后。

方法二 使用【Backspace】键删除文字。

步骤 1. 在文档最后，文本“小睡也别有风味的。”后单击鼠标左键，将光标定位在此处。

步骤 2. 重复按下【Backspace】键，直至删除文本到“虽然是满月”前。

练一练

活动 输入与修改。

输入如图 4-16 所示文本，并将其中带下划线的文本“前前后后”修改为“远远近近，高高低低”。

荷塘的四面，前前后后都是树，而杨柳最多。这些树将一片荷塘重重围住；只在小路一旁，漏着几段空隙，像是特为月光留下的。树色一例是阴阴的，乍看像一团烟雾；但杨柳的丰姿，便在烟雾里也辨得出。

忽然想起采莲的事情来了。采莲是江南的旧俗，似乎很早就有，而六朝时为盛；从诗歌里可以约略知道。采莲的是少年的女子，她们是荡着小船，唱着艳歌去的。

图 4-15 文本的修改

4.3.4　选择文本

读书笔记

知识讲解

在对文本进行删除、移动、复制以及各种格式设置时，首先要选择文本，按照选择文本的多少可以分为选择任意数量的文本、选择一行文本、选择一段文本和选择整篇文本。被选定后的文本变为反色显示，如图 4-16 所示，文中的文本“远远近近，高高低低”被选定。

荷塘的四面，远远近近，高高低低都是树，而杨柳最多。这些树将一片荷塘重重围住；只在小路一旁，漏着几段空隙，像是特为月光留下的。树色一例是阴阴的，乍看像一团烟雾；但杨柳的丰姿，便在烟雾里也辨得出。↵

忽然想起采莲的事情来了。采莲是江南的旧俗，似乎很早就有，而六朝时为盛；从诗歌里可以约略知道。采莲的是少年的女子，她们是荡着小船，唱着艳歌去的。↵

图 4-16　文本的选择

学习园地

任务 1　选择图 4-16 中的文本“远远近近，高高低低”

操作：在文字“远远近近，高高低低”前按住鼠标左键不放并向右拖曳，使鼠标拖过这几个文本后释放鼠标，选择后的文本呈黑底白字显示。

任务 2　选择图 4-16 中的第二行文本

步骤 1. 将鼠标指针移动到第二行左侧，此时

读书笔记

鼠标指针显示为箭头。

步骤 2. 单击鼠标左键，即可选择第二行文本，如图 4-17 所示。

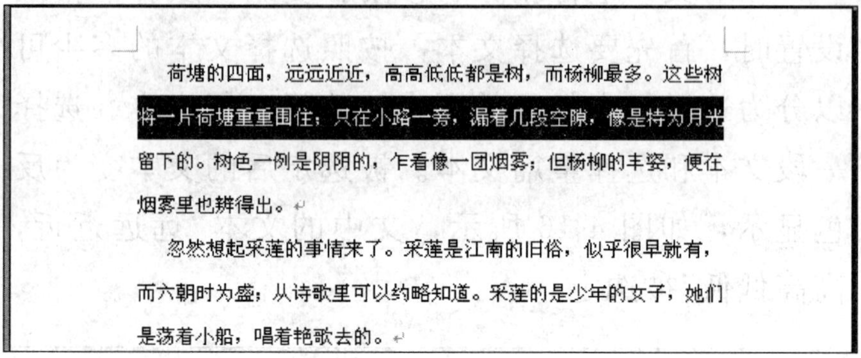

荷塘的四面，远远近近，高高低低都是树，而杨柳最多。这些树将一片荷塘重重围住；只在小路一旁，漏着几段空隙，像是特为月光留下的。树色一例是阴阴的，乍看像一团烟雾；但杨柳的丰姿，便在烟雾里也辨得出。

忽然想起采莲的事情来了。采莲是江南的旧俗，似乎很早就有，而六朝时为盛；从诗歌里可以约略知道。采莲的是少年的女子，她们是荡着小船，唱着艳歌去的。

图 4-17　选择一行文本

任务 3　选择第二段文本

步骤 1. 将鼠标指针移动到第二段左侧，显示为箭头。

步骤 2. 双击鼠标左键，即可选择第二段文本，如图 4-18 所示。

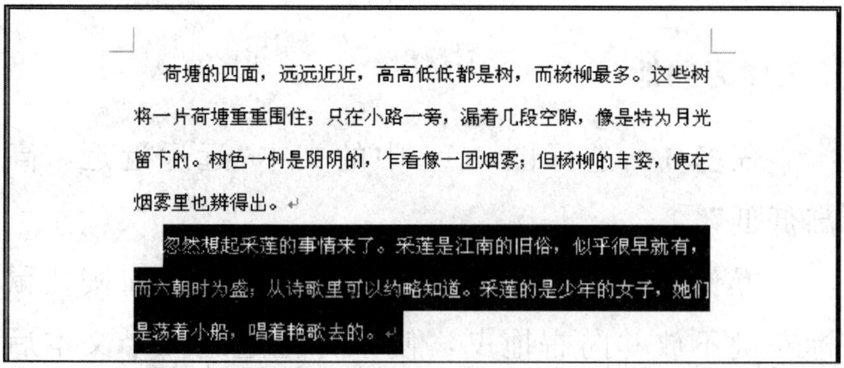

荷塘的四面，远远近近，高高低低都是树，而杨柳最多。这些树将一片荷塘重重围住；只在小路一旁，漏着几段空隙，像是特为月光留下的。树色一例是阴阴的，乍看像一团烟雾；但杨柳的丰姿，便在烟雾里也辨得出。

忽然想起采莲的事情来了。采莲是江南的旧俗，似乎很早就有，而六朝时为盛；从诗歌里可以约略知道。采莲的是少年的女子，她们是荡着小船，唱着艳歌去的。

图 4-18　选择一段文本

任务 4　选择全部文本

操作：使用组合键【Ctrl＋A】，即可选择文中全部文本如图 4-19 所示。

荷塘的四面，远远近近，高高低低都是树，而杨柳最多。这些树将一片荷塘重重围住；只在小路一旁，漏着几段空隙，像是特为月光留下的。树色一例是阴阴的，乍看像一团烟雾；但杨柳的丰姿，便在烟雾里也辨得出。

忽然想起采莲的事情来了。采莲是江南的旧俗，似乎很早就有，而六朝时为盛；从诗歌里可以约略知道。采莲的是少年的女子，她们是荡着小船，唱着艳歌去的。

图 4-19　选择全部文本

练一练

活动　选择文档“荷塘月色”中第一段文本后删除。

知识扩展

上面讲授的选择文本的方法都是选择连续的文本，如果是选择不连续的文本需要鼠标配合【Ctrl】键进行选择。

任务　选择文本

选择文档“荷塘月色”中的“荷塘”和“采莲”文本，如图 4-20 所示。

步骤 1. 选择第一个“荷塘”文本。

步骤 2. 按住【Ctrl】键，选择第二个“荷塘”文本以及后面的三个“采莲”文本。

荷塘的四面，远远近近，高高低低都是树，而杨柳最多。这些树将一片荷塘重重围住；只在小路一旁，漏着几段空隙，像是特为月光留下的。树色一例是阴阴的，乍看像一团烟雾；但杨柳的丰姿，便在烟雾里也辨得出。

忽然想起采莲的事情来了。采莲是江南的旧俗，似乎很早就有，而六朝时为盛；从诗歌里可以约略知道。采莲的是少年的女子，她们是荡着小船，唱着艳歌去的。

图 4-20　选择不连续文本

4.3.5　文本的移动

知识讲解

文本的移动是指将文本从文档的一个地方移动到另一个地方。

学习园地

任务　输入文本“身体健康”，然后移动文本“健康”到“身体”前

步骤 1. 输入文本“身体健康”。

步骤 2. 选择文本“健康”，将鼠标置于反显文本之上，如图 4-21 所示。

图 4-21　选择文本“健康”

步骤 3. 按住鼠标左键，拖曳文本“健康”到“身体前，释放鼠标。

4.3.6 文本的复制

读书笔记

知识讲解

当我们在需要输入与前面内容重复的文本时，可以使用复制文本的功能快速输入相同的内容，从而提高工作效率。复制文本的方法与移动文本类似，只要按住【Ctrl】的同时移动文本即可。

学习园地

任务 复制文本

输入文本如图 4-22 所示，复制文本“如果感到幸福”到“你就跺跺脚”前。

如果感到幸福你就拍拍手，你就跺跺脚。

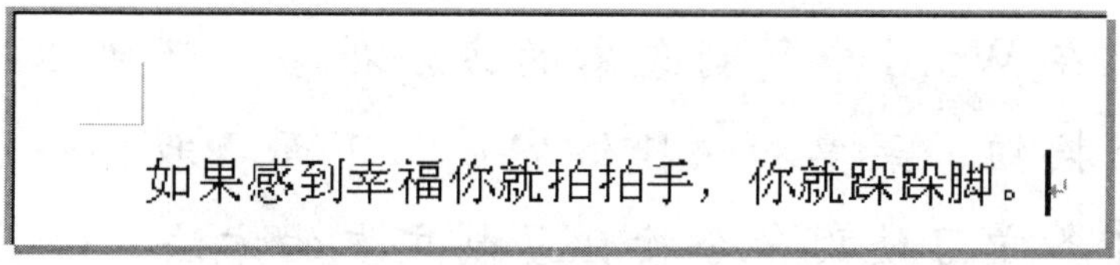

图 4-22 输入文本

步骤 1. 选择文本“如果感到幸福”。

步骤 2. 按住【Ctrl】键，移动文本“如果感到幸福”到“你就跺跺脚”前，释放鼠标，如图 4-23 所示。

如果感到幸福你就拍拍手，如果感到幸福你就跺跺脚。

图 4-23 复制移动文本

读书笔记

活动　复制文本两遍。将图 4-23 中的文本完整复制两遍，效果如图 4-24所示。

如果感到幸福你就拍拍手，如果感到幸福你就跺跺脚。

如果感到幸福你就拍拍手，如果感到幸福你就跺跺脚。

如果感到幸福你就拍拍手，如果感到幸福你就跺跺脚。

图 4-24　复制效果

知识扩展

在 Word 中复制文本的方法很多，还可以使用命令按钮、菜单和快捷键完成。下面，我们通过一个任务学习使用命令按钮复制文本的方法。

任务　使用命令按钮复制文本

输入文本如图 4-25 所示，复制其中的文字"争渡"。

步骤 1. 输入文本。

步骤 2. 选择文本"争渡，"，包括后面的回车符，使其反显。

步骤 3. 单击常用工具栏中的复制按钮。

如梦令

常记溪亭日暮，

沉醉不知归路。

误入藕花深处，

争渡，

惊起一滩鸥鹭。

图 4-25　输入文本《如梦令》

读书笔记

步骤 4. 将光标定位在“惊起一滩鸥鹭”前。

步骤 5. 单击常用工具栏中的“粘贴”按钮，完成复制，效果如图 4-26 所示。

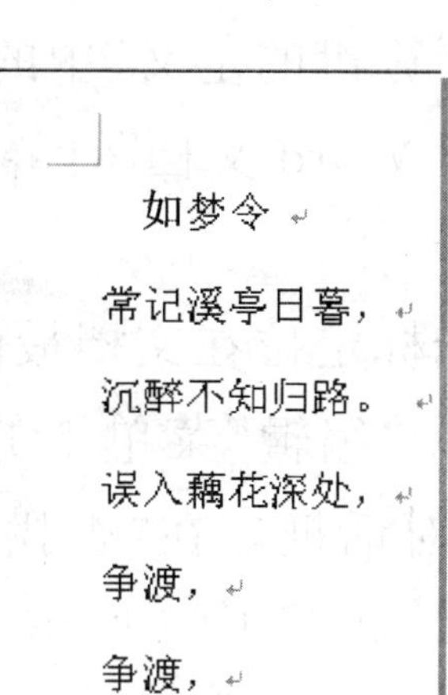

图 4-26　复制后的效果

在 Word 中很多操作都可以使用快捷键完成，如复制命令对应的组合键【Ctrl＋C】，粘贴命令对应的组合键【Ctrl＋V】。

4.3.7　文字的查找

使用查找功能可以在文档中查找任意字符，查找是否出现这样的文本或在文档中出现的位置。查找文本主要通过“编辑”菜单中的“查找”命令打开“查找和替换”对话框，在其中的“查找”选项卡中完成。

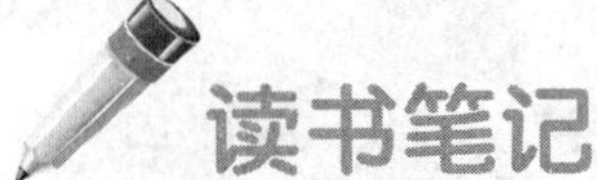

任务　查找

查找文档“计算机的定义”中的文本“计算机”。

步骤 1. 打开 Word 文档“计算机的定义”，如图 4-27 所示。

步骤 2. 将光标定位在文档最前面。

步骤 3. 选择“编辑”菜单下的“查找”命令，打开“查找与替换”对话框，在“查找内容”编辑框中输入文字“计算机”，如图 4-28 所示。

计算机的定义

计算机是一种能够按照事先存储的程序，自动、高速地进行大量数值计算和各种信息处理的现代化智能电子设备。由硬件和软件所组成，两者是不可分割的。人们把没有安装任何软件的计算机称为裸机。随着科技的发展，现在新出现一些新型计算机有：生物计算机、光子计算机、量子计算机等。

图 4-27　“计算机的定义”文本内容

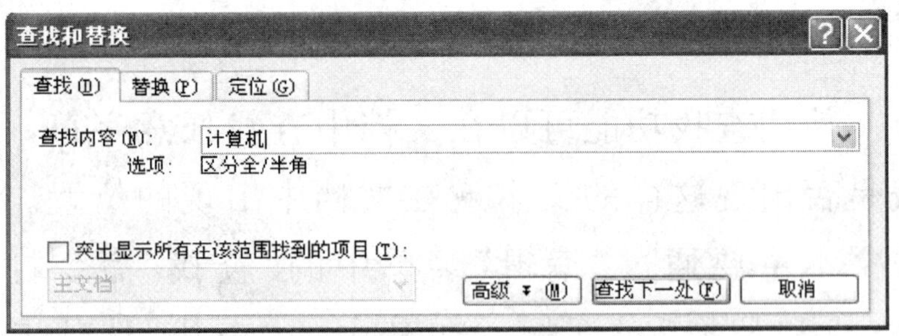

图 4-28　输入查找文字“计算机”

步骤 4. 单击按钮 查找下一处(F) 。

步骤 5. 第一行中的文本“计算机”被反显，如

读书笔记

图 4-29 所示。

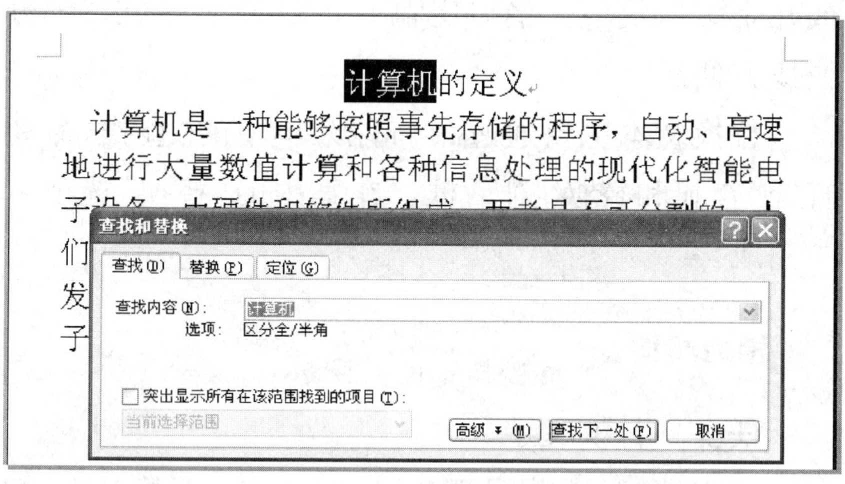

图 4-29　查找效果

步骤 6. 继续单击按钮 查找下一处(F)，后面的文本“计算机”将被逐个找到，并反显。

练一练

活动　查找文档“计算机网络的发展历史”中的文本“网络”。

4.3.8　文字的替换

知识讲解

我们在输入完成一篇较长的文档后，检查发现一个重要的字或词输入错误，如果要逐个修改，会花去大量的时间和精力，如果使用 Word 的替换功能，就可以快速地解决这个问题。

替换就是将文档中查找到的某个字或词，修改为另一个字或词。有时我们在输入文本时，对于一

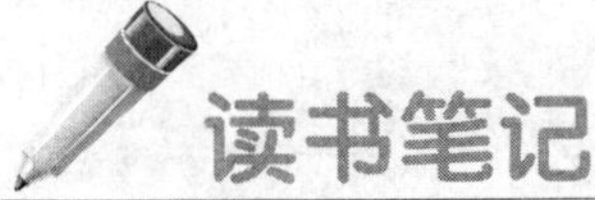

些较长的地名、人名等重复出现的词，可以用一个或几个字母代替，最后定稿时进行替换即可，十分快捷方便。

替换文本主要通过“编辑”菜单中的“查找”命令打开“查找和替换”对话框，在其中的“替换”选项卡中完成。

学习园地

任务　替换文字

将文档“微软公司简介”中的文本“m”替换为“微软”。

步骤 1. 打开文档“微软公司简介”。

步骤 2. 选择“编辑”菜单中的“替换”命令，打开“查找和替换”对话框，选择“替换”选项卡，在“查找内容”后的编辑栏中输入“m”，在“替换为”后的编辑栏输入“微软”，如图 4-30 所示。

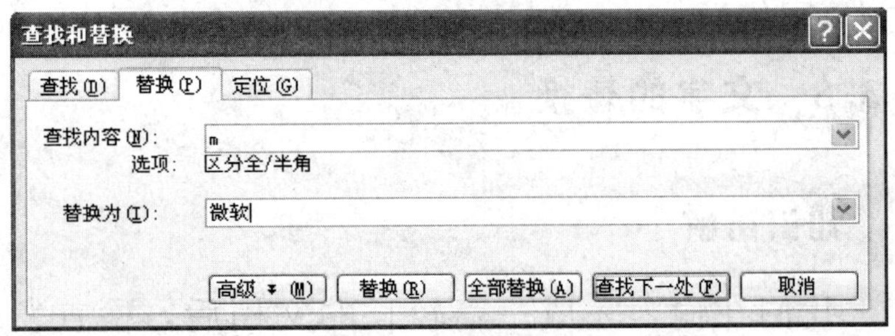

图 4-30　替换内容

步骤 3. 单击按钮 全部替换(A)，文档中所有的文本“m”被替换为“微软”。

读书笔记

练一练

活动 将文档“Word功能与特点”中的文本“字处理”替换为“Word”。

4.4 美化文档

4.4.1 设置字体的格式

在Word文档中输入文本默认的字体是“宋体”，字号为“五号”。如果不对文本的格式进行设置，既不能突出重点，也毫无美观可言。因此在输入文本后，一般应对其字体、字号和颜色等进行格式设置，设置这些参数可以通过格式工具栏，也可以通过“字体”对话框。

学习园地

任务 设置字体

新建文档，输入文字“好好学习，天天向上。”，并将字体设置为隶书、字号为三号、文字颜色为蓝色。

步骤1. 单击常用工具栏上的“新建”命令按钮，新建一篇文档。

步骤2. 输入文本“好好学习，天天向上。”，并选择文本，使其反显。

步骤3. 单击格式工具栏中“字体”列去框右侧

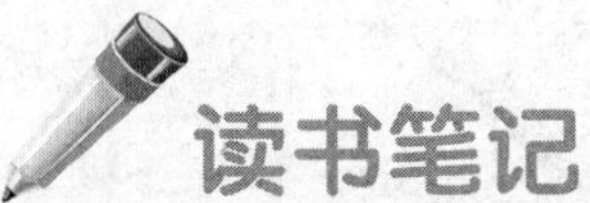

的三角形下拉箭头宋体，在展开的列表中选择“隶书”，如图 4-31 所示。

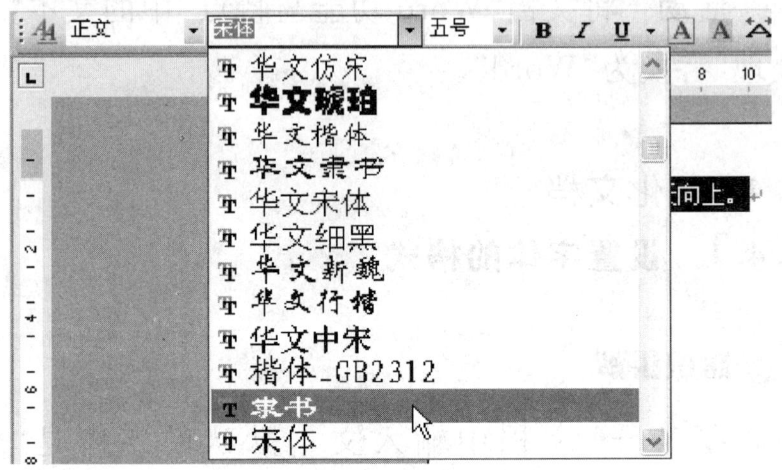

图 4-31 设置字体

步骤 4. 单击格式工具栏中“字号”列表框右侧的三角形下拉箭头五号，在展开的列表中选择“三号”，如图 4-32 所示。

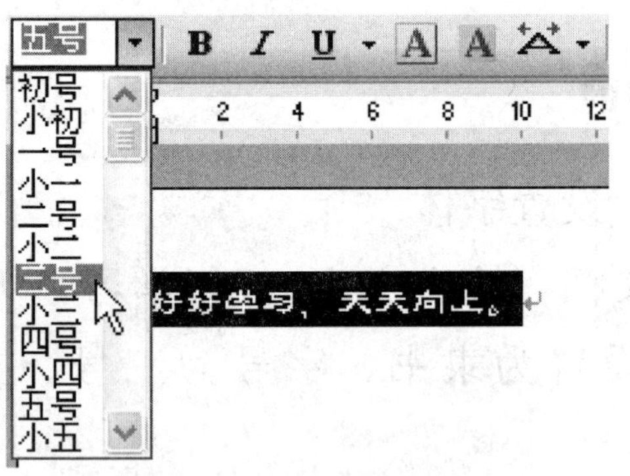

图 4-32 设置字号

步骤 5. 单击格式工具栏中“字体颜色”按钮右侧的三角形下拉箭头，在展开的列表中选择“蓝色”，如图 4-33 所示。

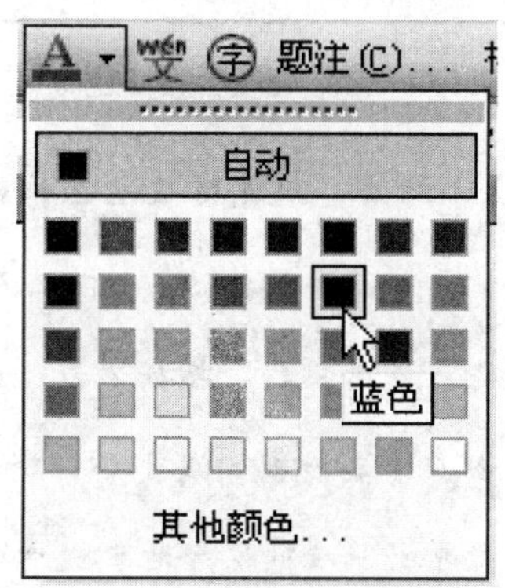

图 4-33 设置字体颜色

读书笔记

练一练

活动 设置字体格式

将文档“汽车的定义”中的标题字体格式设置为“黑体”、“26”号、绿色、倾斜。

知识扩展

除了使用工具栏设置字体格式外，还可以使用“字体”对话框。在下面的任务中我们将学习使用“字体”对话框设置字体格式的方法。

任务 将文档“太极拳”中全文设置为“华文行楷”、“四号”，将标题字号设置为“一号”、“天蓝色”、“加粗”，为正文中文本“武术”添加红色粗下划线，效果如图 4-34 所示。

步骤 1. 打开文本“太极拳”。

步骤 2. 选择全文，选择菜单“格式”中的“字体”命令，打开“字体”对话框。

读书笔记

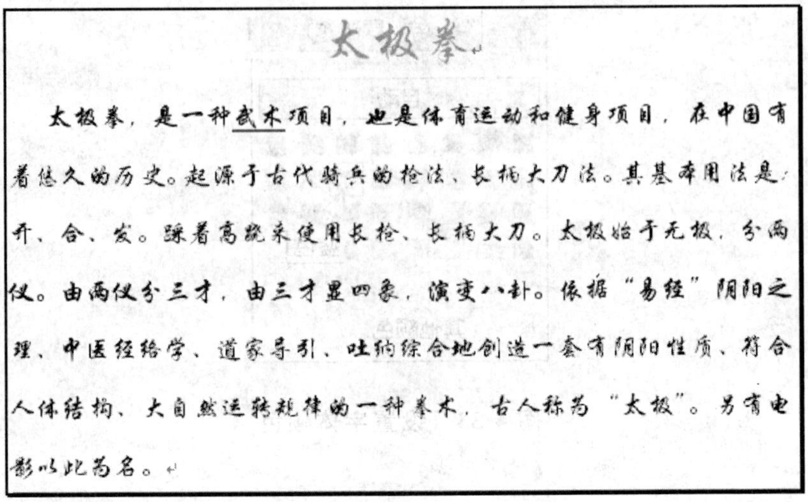

太极拳

太极拳，是一种武术项目，也是体育运动和健身项目，在中国有着悠久的历史。起源于古代骑兵的枪法、长柄大刀法。其基本用法是：开、合、发。踩着高跷来使用长枪、长柄大刀。太极始于无极，分两仪。由两仪分三才，由三才显四象，演变八卦。依据“易经”阴阳之理、中医经络学、道家导引、吐纳综合地创造一套有阴阳性质、符合人体结构、大自然运转规律的一种拳术，古人称为“太极”。另有电影以此为名。

图 4-34　任务完成效果

步骤 3. 在字体对话框中设置字体和字号，如图 4-35 所示，单击 确定 按钮。

图 4-35　设置正文字体格式

步骤 4. 选择标题文本，使用组合键【Ctrl＋D】打开“字体”对话框。

步骤 5. 设置字号为“一号”，字形为“加粗”字体颜色为“天蓝色”，如图 4-36 所示，单击

确定 按钮。

读书笔记

图 4-36 设置标题字体格式

步骤 6. 选择文中文本“武术”，打开“字体”对话框，设置下划线线型为“粗线”，下划线颜色为“红色”，如图 4-37 所示，单击 确定 按钮。

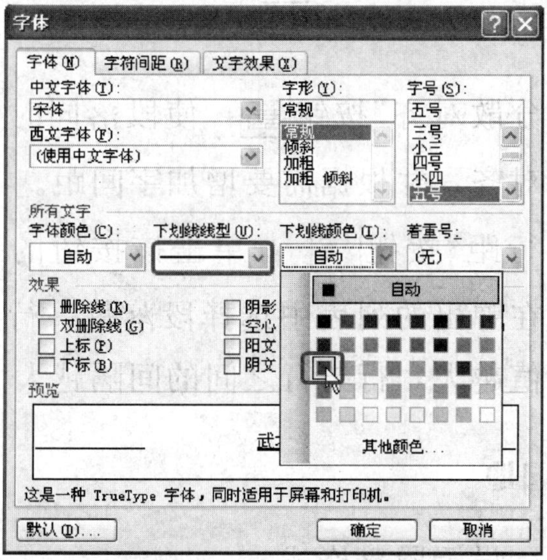

图 4-37 设置文本字体格式

4.4.2 设置段落的格式

设置段落格式可以使文档结构清晰、层次分明，在 Word 文档中默认的段落格式是两端对齐，我们还可以根据需要设置为居中、右对齐方式。

设置段落格式可以通过格式工具栏和“格式”对话框。格式工具栏中设置段落格式的命令按钮使用方法很简单，首先选择要设置格式的段落，然后单击相应的按钮设置段落格式，主要包括 5 个，它们的作用如下。

(1)“两端对齐”按钮：使段落与页面左边界对齐。

(2)“居中”按钮：使段落居中对齐。

(3)“右对齐”按钮：使段落与页面右边界对齐。

(4)“分散对齐”按钮：使段落同时与左边界和右边界对齐，并根据需要增加字间距。

(5)“行距”按钮：单击该按钮的三角形下拉箭头，在弹出的列表中选择段落每一行行间距的磅值，磅值越大，行与行之间的间隔越大。

学习园地

任务 设置段落格式

打开文档“通知”，设置第一段段落格式为“居中”，第六、七段段落格式为“右对齐”，并设置全文行间距为“1 磅”，如图 4-38 所示。

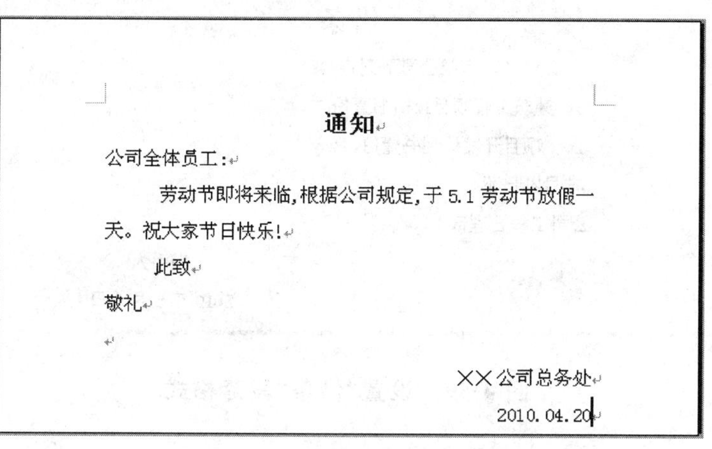
通知
公司全体员工：
劳动节即将来临，根据公司规定，于 5.1 劳动节放假一天。祝大家节日快乐！
此致
敬礼
××公司总务处
2010.04.20

图 4-38 设置“通知”段落格式

步骤 1. 打开文档“通知”。

步骤 2. 将光标定位于文档的第一段，单击格式工具栏中的“居中”按钮。

步骤 3. 将光标定位于文档的第六段，单击格式工具栏中的“右对齐”按钮。

步骤 4. 将光标定位于文档的第七段，单击格式工具栏中的“右对齐”按钮。

步骤 5. 选择全文，单击“行距”按钮中的三角形下拉箭头，在展开的列表中选择“1.0”。

练一练

活动 设置段落格式。

将文档“借条”的第一段格式设置为“一号、加粗、居中”，最后两段格式设置为“右对齐”，效果如图 4-39 所示。

读书笔记

读书笔记

借条

今借到××有限公司下列资料：

1、建筑工程项目投标书壹份。

2、 项目开发计划书壹份。

本月内归还。

公司工程管理部

经手人：××

2010年5月6日

图 4-39　设置“借条”段落格式

知识扩展

除了使用工具栏中的命令按钮设置段落格式外，还可以使用“段落”对话框，在分别通过“对齐方式”和“行距”列表进行设置，如图 4-40 所示。

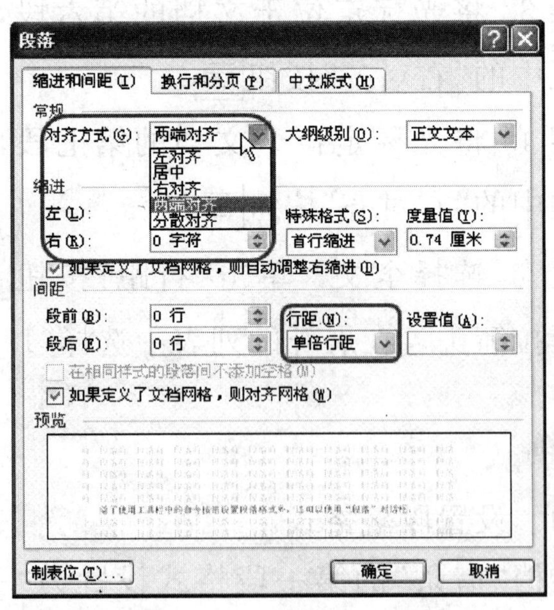

图 4-40　“段落”对话框

4.4.3 设置边框和底纹

读书笔记

知识讲解

在编辑文档时，为了美观，可以为文字或段落添加边框和底纹。为文字添加边框和底纹通常使用格式工具栏中的命令按钮A和按钮A，为段落添加边框和底纹通常使用“边框和底纹”对话框。从而使文档中的重点内容更突出。

学习园地

任务1 为文字添加边框和底纹

为下面的文字添加边框和底纹，效果如图4-41所示。

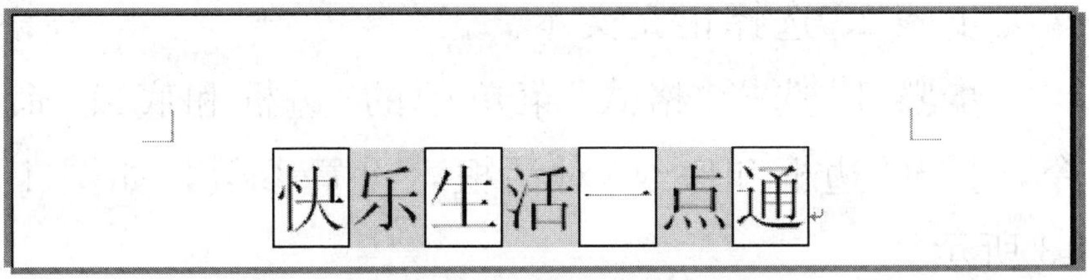

快乐生活一点通

图4-41 文字添加边框和底纹效果

步骤1. 输入文字“快乐生活一点通”。

步骤2. 选择文字“快”、“生”、“一”和“通”，按住【Ctrl】键用鼠标选择以上四个字。

步骤3. 单击格式工具栏上的按钮A，为上一步选中的四个字添加边框。

步骤4. 选择文字“乐”、“活”和“点”。

步骤5. 单击格式工具栏上的按钮A，为上一

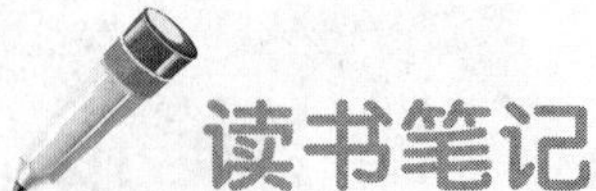

步选中的三个字添加底纹。

任务 2 为段落添加边框和底纹

打开文档“快乐生活一点通”，为正文段落添加段落边框和底纹，效果如图 4-42 所示。

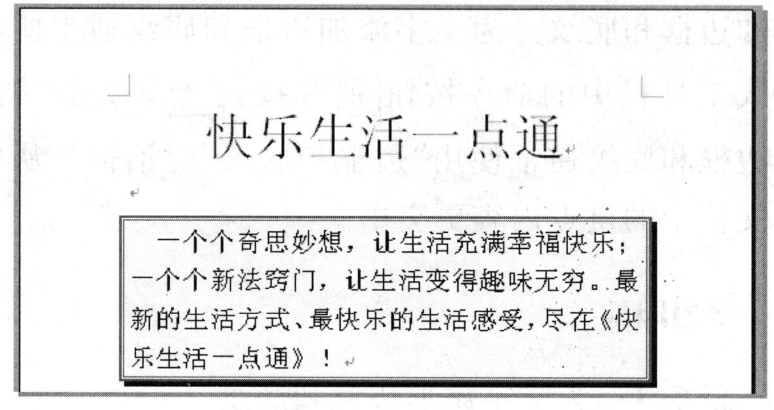

图 4-42 段落添加边框和底纹效果

步骤 1. 打开文档“快乐生活一点通”。

步骤 2. 选择正文文本。

步骤 3. 选择“格式”菜单中的“边框和底纹”命令，打开“边框和底纹”对话框，设置参数，如图 4-43 所示。

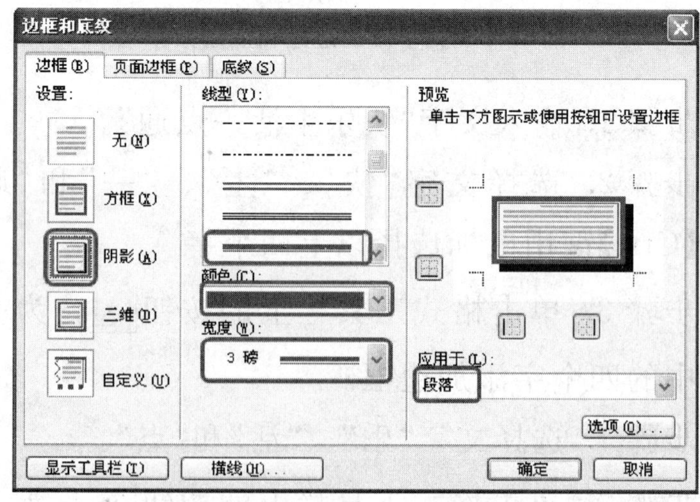

图 4-43 “边框和底纹”对话框

读书笔记

步骤 4. 选择“边框和底纹”对话框中的“底纹”选项卡，设置参数，如图 4-44 所示。

步骤 5. 单击 确定 按钮。

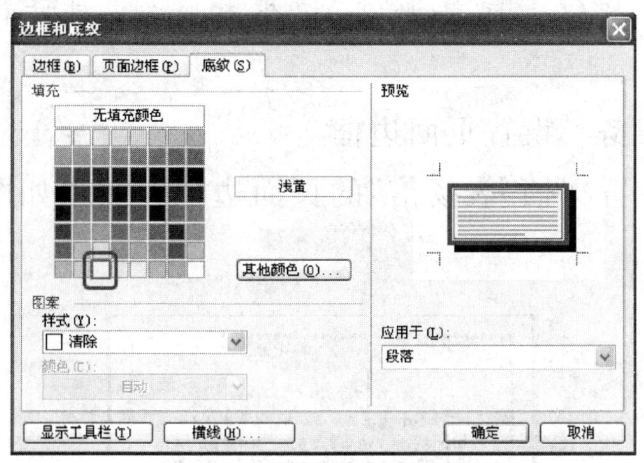

图 4-44 “底纹”选项卡

练一练

活动 设置文档“感恩母亲节”的边框和底纹，效果如图 4-45 所示。

母亲节起源于希腊，古希腊人在这一天向希腊神话中的众神之母赫拉致敬。

图 4-45 文档效果图

读书笔记

知识扩展

当我们在美化文档效果时，还可以为页面添加边框或底纹，同样通过“边框和底纹”对话框进行设置。

任务　设置页面边框

设置文档“表扬信”的页面边框，效果如图 4-46 所示。

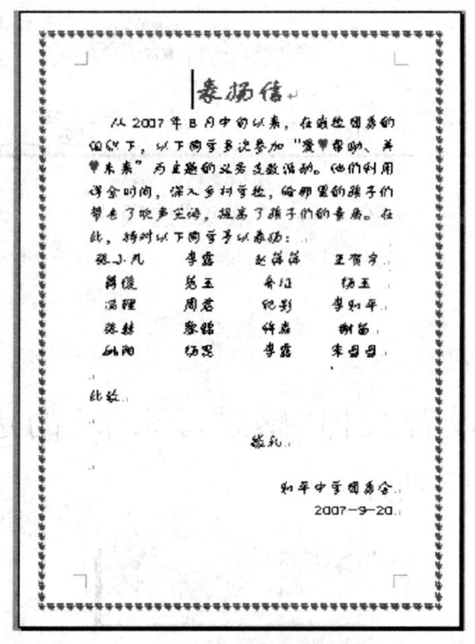

表扬信

从 2007 年 8 月中旬以来，在学校团委的组织下，以下同学多次参加“爱心帮助、关心未来”为主题的义务支教活动。他们利用课余时间，深入乡村学校，给那里的孩子们带去了欢声笑语，提高了孩子们的素质。在此，特对以下同学予以表扬：

张小凡	李露	赵萍萍	王贺方
蒋俊	吴玉	希红	杨玉
汤程	周君	纪彤	李和平
张赫	黎璐	许森	谢笛
孙阳	杨思	李露	朱丹丹

此致

敬礼

和平中学团委会

2007-9-20

图 4-46　设置页面边框效果图

步骤 1. 打开文档“表扬信”。

步骤 2. 打开“边框和底纹”对话框，选择“页面边框”选项卡，在“艺术型”列表中选择所需的图案，如图 4-47 所示。

步骤 3. 单击 确定 按钮。

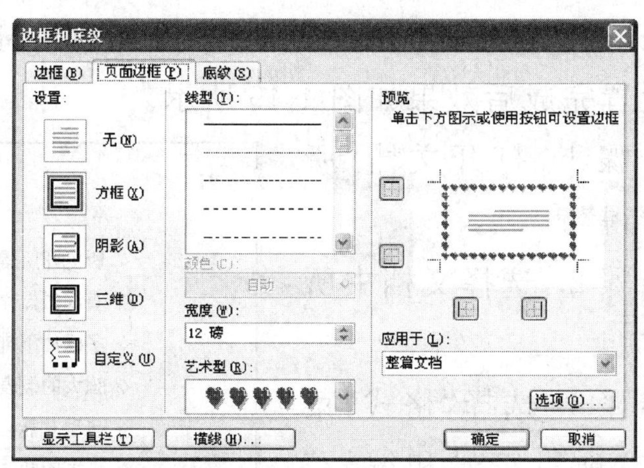

图 4-47 “页面边框”选项卡

4.4.4 添加项目符号和编号

在文档中使用项目符号和编号来组织文档，可以使文档层次分明，结构清晰，重点突出。Word 具有自动添加项目符号和编号的功能。

学习园地

任务 1 添加编号

为文档“所见即所得”添加编号，效果如图 4-48 所示。

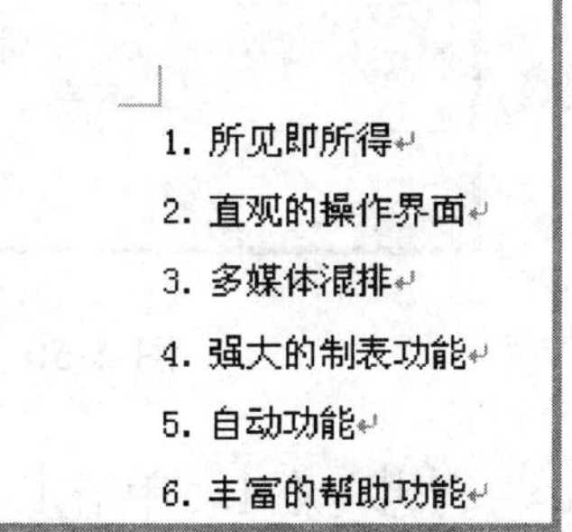

图 4-48 设置编号

步骤 1. 打开文档“所见即所得”。

步骤 2. 选择文档中所有文本。

步骤 3. 单击格式工具栏中的编号按钮。

读书笔记

任务 2 为文档"所见即所得"添加项目符号

设置完成后效果如图 4-49 所示。

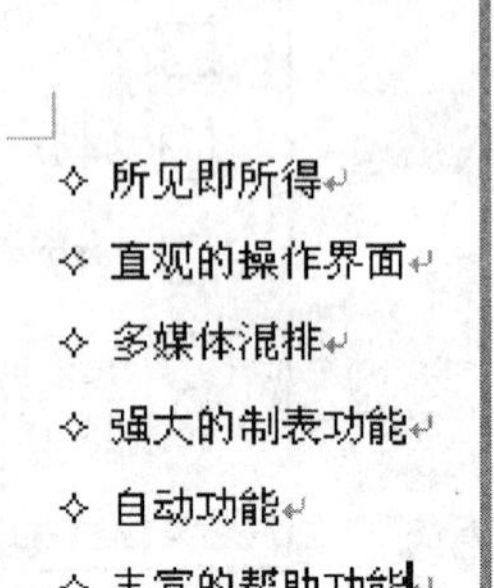

图 4-49 设置项目符号

步骤 1. 打开文档"所见即所得"。

步骤 2. 选择文档中所有文本。

步骤 3. 选择"格式"菜单中的"项目符号和编号"命令，打开"项目符号和编号"对话框，选择"✧"符号，如图 4-50 所示。

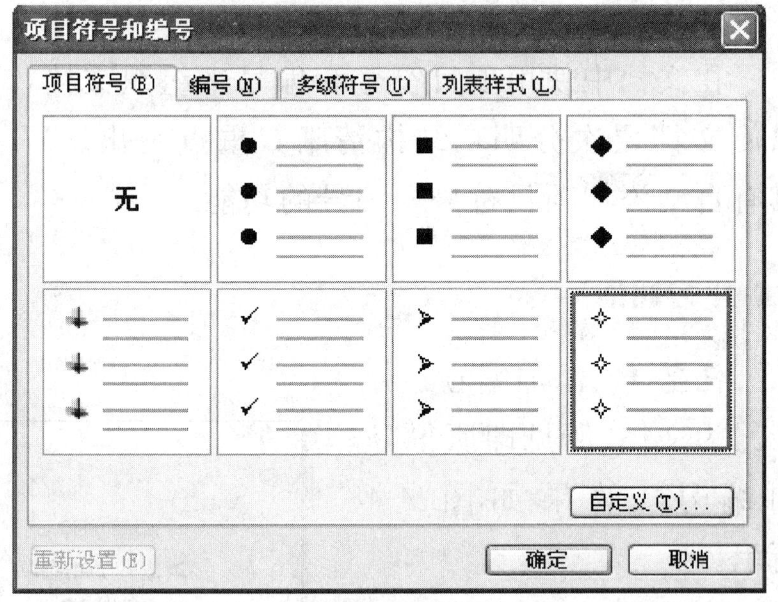

图 4-50 "项目符号和编号"对话框

步骤 4. 单击 确定 按钮。

读书笔记

练一练

活动 为文档"Microsoft Office 组件"添加项目符号和编号

完成后效果如图 4-51 所示。

Microsoft Office 组件

1. Word
   - ◆ Microsoft Word 是 文字处理软件。
   - ◆ 是 Office 的主要程序。
2. Excel
   - ◆ Microsoft Excel 是 电子数据表程序。
   - ◆ 适宜 Windows 和 Macintosh 平台。
3. PowerPoint
   - ◆ Microsoft PowerPoint 使用户可以快速创建极具感染力的动态演示文稿，同时集成工作流和方法以轻松共享信息。

图 4-51 设置项目符号和编号

4.5 在文档中插入图形图像

4.5.1 插入图片

知识讲解

一篇文档如果只有文字是非常单调的，使用适当的图片修饰文档，既可以突出主题、图文并茂，又可以美化版面，使文档更加有吸引力。

学习园地

任务 在文档中插入一幅图片

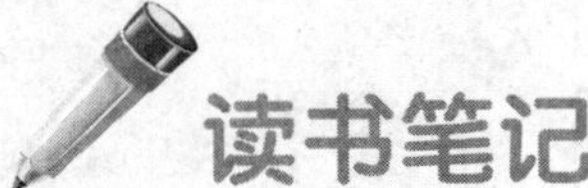

步骤 1. 新建一个空白文档。

步骤 2. 选择菜单命令“插入”→“图片”→“来自文件”，打开“插入图片”对话框，选择一幅图片，如图 4-52 所示。

步骤 3. 单击 插入(S) 按钮。

图 4-52 “插入图片”对话框

练一练

活动 将素材库中的图片“小狗”插入到文档中。

4.5.2 调整图片的大小和环绕方式

知识讲解

插入图片后，在“图片”工具栏中可以对图片的排列方式和大小等内容进行修改，使图片更符合文档排版的要求。

学习园地

读书笔记

任务 在文档“武陵春”中插入图片，并设置图片排列方式和大小

步骤 1. 打开文档“武陵春”。

步骤 2. 插入图片“仕女图”。

步骤 3. 单击选择插入的图片，激活图片工具栏，如图 4-53所示。

图 4-53 图片工具栏

步骤 4. 单击图片工具栏中的“文字环绕”按钮 ，在展开的列表中选择“衬于文字下方”，如图 4-54所示。

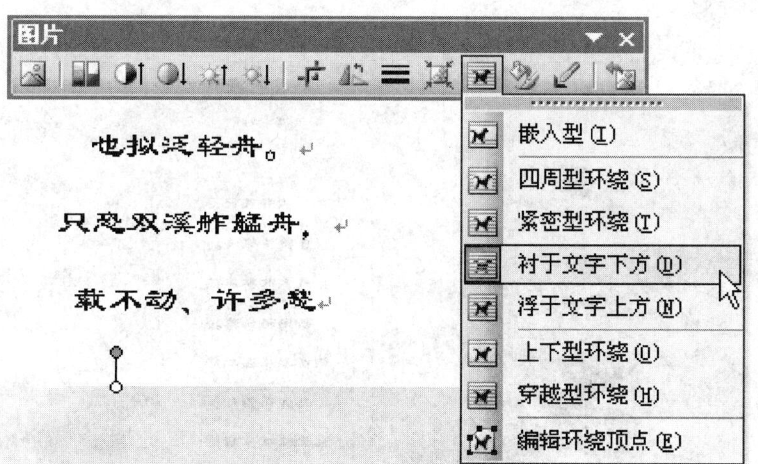

图 4-54 设置文字环绕方式

步骤 5. 将鼠标置于图片上，显示为十字箭头，

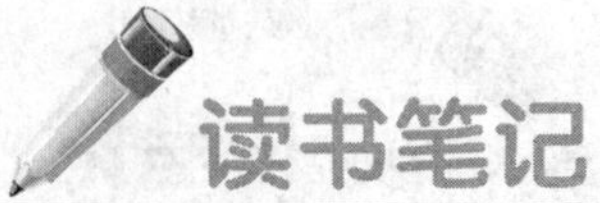

移动图片到文字下方，如图 4-55 所示。

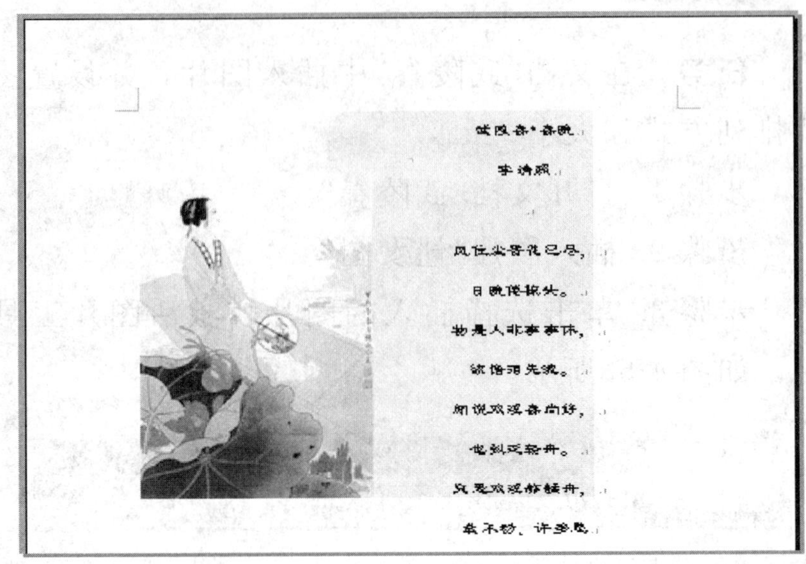

图 4-55　移动图片

步骤 6. 将鼠标置于图片右下角，显示为双箭头，向右下拖曳，放大图片，效果如图 4-56所示。

图 4-56　调整图片大小

练一练

活动 设置环绕方式。在文档中插入图片，设置环绕方式为“紧密型”。

4.5.3 在文档中插入艺术字

知识讲解

为了美化文档，有时需要在文档中插入具有艺术效果的文字，即艺术字，它可以使我们的文档更美观，主题更突出。

学习园地

任务 在文档中插入艺术字“节日快乐”

任务完成后，效果如图 4-57 所示。

图 4-57 艺术字效果

步骤 1. 新建文档。

步骤 2. 选择菜单命令“插入”→“图片”→“艺术字”，打开“艺术字库”对话框，选择第三行、第四列的样式，如图 4-58 所示。

步骤 3. 单击 确定 按钮，弹出“编辑艺术字文字”对话框，输入文字“节日快乐”，设置字体为“隶书”，字号为 60，如图 4-59 所示，单击 确定 按钮。

读书笔记

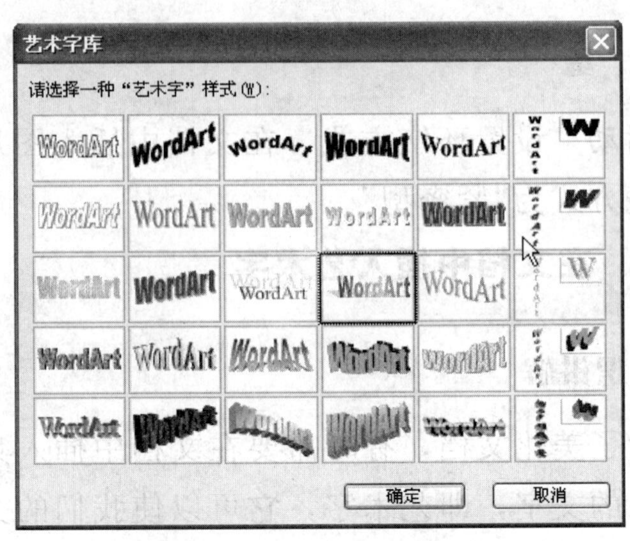

图 4-58 “艺术字库”对话框

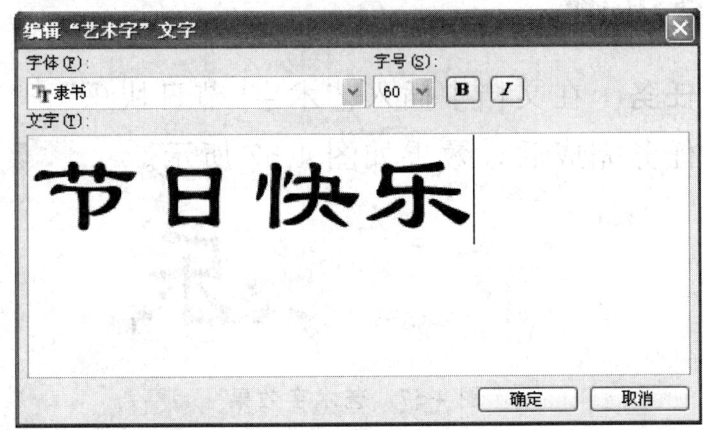

图 4-59 “编辑艺术字”对话框

练一练

活动 设置艺术字。

插入艺术字“诗词欣赏”，样式为第四行、第六列，字体为“华文行楷”，字号 36，效果如图 4-60 所示。

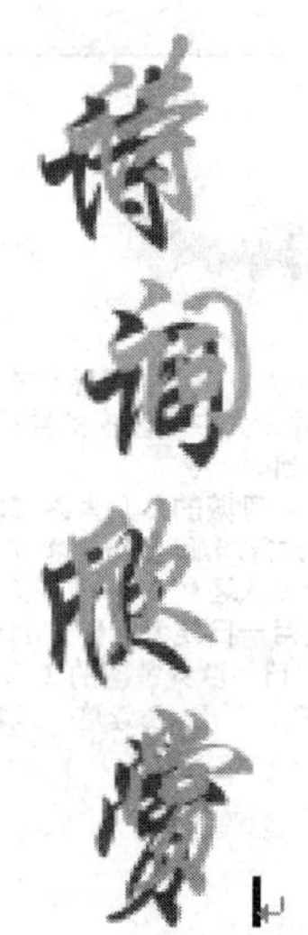

图 4-60　竖排艺术字效果

读书笔记

4.6　页面设置与打印文档

4.6.1　设置纸型、页面方向

知识讲解

我们在文档排版时，经常要确定纸张的大小和方向，为打印输出做准备，设置这些参数主要通过“页面设置”对话框实现。

学习园地

任务　页面设置，将文档“劳动节”设置为 B5、横向纸型

任务完成后，效果如图 4-61 所示。

步骤 1. 打开文档“劳动节”。

步骤 2. 选择“文件”菜单中的“页面设置”命令，打开“页面设置”对话框，在“纸张”选项卡中设置纸张大小为“B5”，如图 4-62 所示。

国际劳动节又称"五一国际劳动节"、"国际示威游行日"(International Labor Day 或者 May Day),是世界上大多数国家的劳动节。定在每年的五月一日。它是全世界劳动人民共同拥有的节日。

五一国际劳动节源于美国芝加哥城的工人大罢工。1886 年 5 月 1 日,芝加哥的 216816 名工人为争取实行八小时工作制而举行大罢工,经过艰苦的流血斗争,终于获得了胜利。为纪念这次伟大的工人运动,1889 年 7 月,在恩格斯组织召开的第二国际成立大会上宣布将每年的五月一日定为国际劳动节。这一决定立即得到世界各国工人的积极响应。1890 年 5 月 1 日,欧美各国的工人阶级率先走向街头,举行盛大的示威游行与集会,争取合法权益。从此,每逢这一天世界各国的劳动人民都要集会、游行,以示庆祝,并放假。

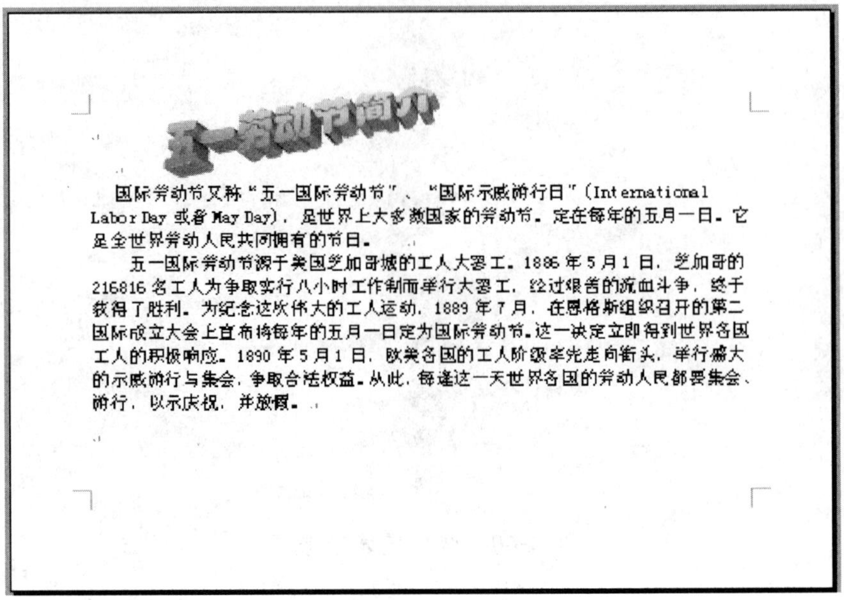

图 4-61　页面设置效果

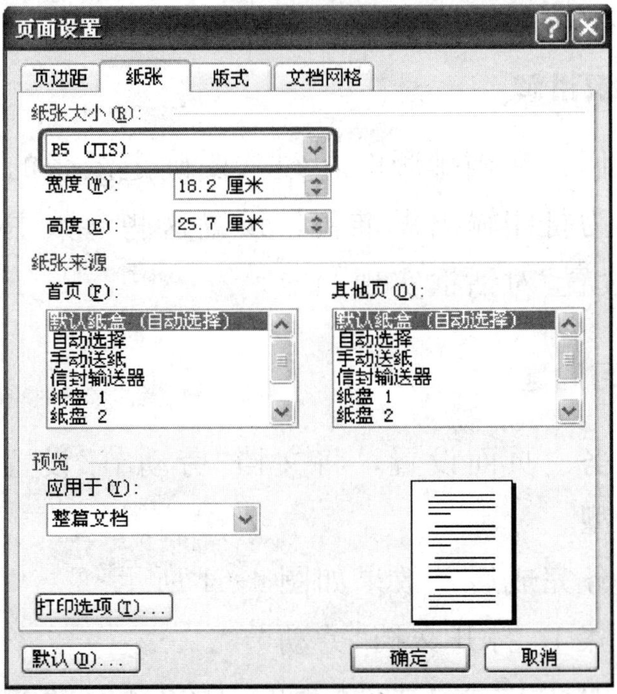

页面设置
页边距 | 纸张 | 版式 | 文档网格
纸张大小(R):
B5 (JIS)
宽度(W): 18.2 厘米
高度(E): 25.7 厘米
纸张来源
首页(F): 默认纸盒(自动选择) 自动选择 手动送纸 信封输送器 纸盒 1 纸盒 2
其他页(O): 默认纸盒(自动选择) 自动选择 手动送纸 信封输送器 纸盒 1 纸盒 2
预览
应用于(Y): 整篇文档
打印选项(T)...
默认(D)... 确定 取消

图 4-62　"页面设置"对话框中设置纸张大小

步骤 3. 在“页边距”选项卡中设置方向为“横向”。

步骤 4. 单击 确定 按钮。

读书笔记

练一练

活动 页面设置。设置文档“重阳节”纸型为“A4、纵向”。

4.6.2 打印文档

知识讲解

打印文档是文字处理的最后环节，在初装打印机后，首先要为打印机设置正确的参数。在正式打印之前，一般要预览版面的整体布局，进行必要的修改，然后再启动打印命令。

学习园地

任务 打印文档“重阳节－打印”

步骤 1. 打开文档“重阳节－打印”。

步骤 2. 单击格式工具栏上的“打印预览”按钮，预览打印效果，如图 4-63 所示。

步骤 3. 单击工具栏上的 关闭(C) 按钮，退出打印预览。

步骤 4. 选择“文件”菜单中的“打印”命令，打开“打印”对话框，如图 4-64 所示，单击 确定 按钮。

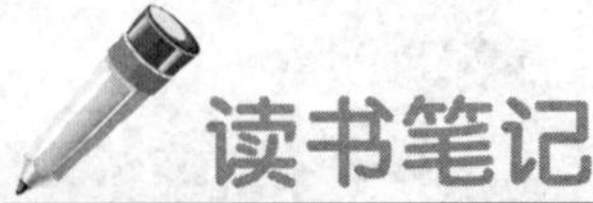

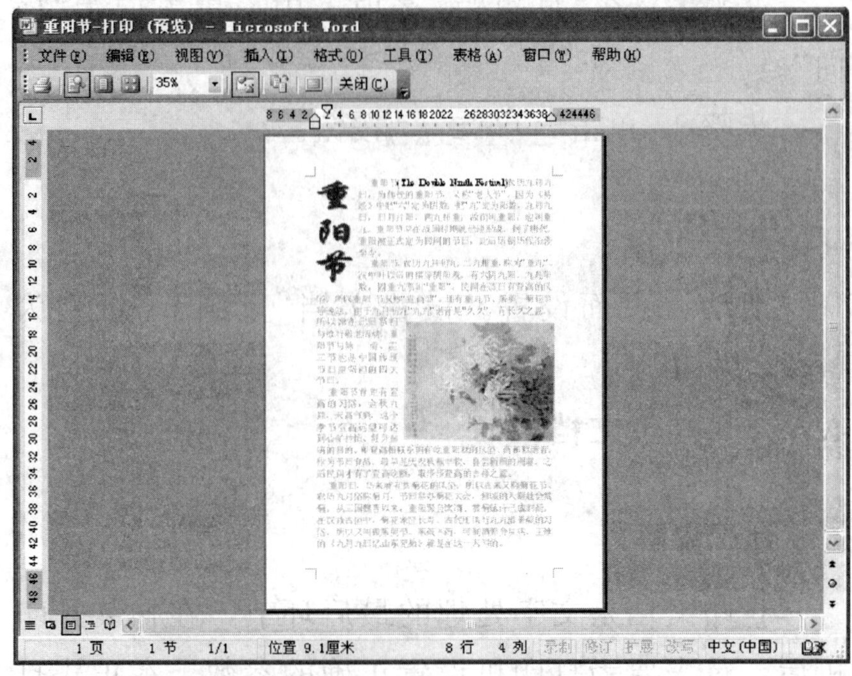

图 4-63 打印预览窗口

图 4-64 “打印”对话框

练一练

活动 将文档“表扬信”打印三份。

读书笔记

4.7 进阶练习——美化"吸烟有害健康"文档

活动 美化"吸烟有害健康"文档。

步骤 1. 打开文档"吸烟有害健康"。

步骤 2. 将全文字号设置为"仿宋"、"40 号"。

步骤 3. 选中第一段文本"吸烟有害健康"，打开"艺术字库"对话框，选择艺术字样式，如图 4-65 所示，单击 确定 按钮。

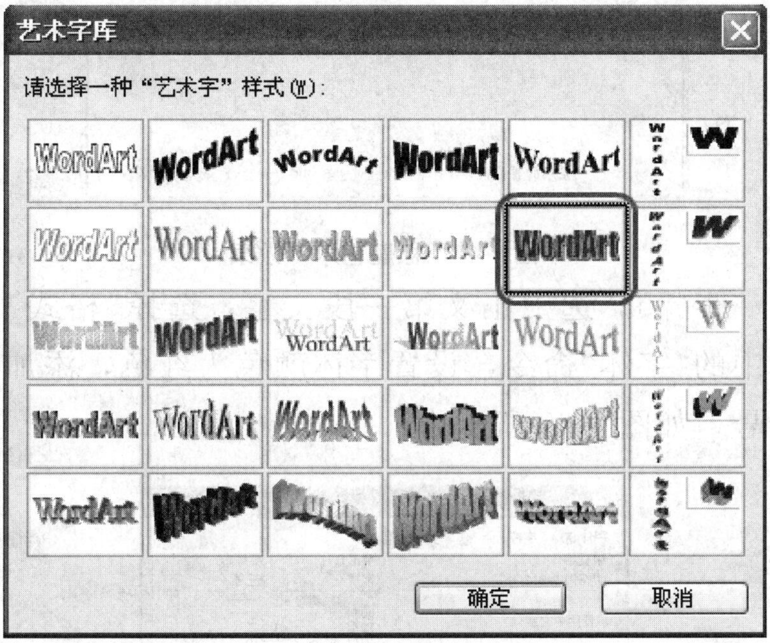

图 4-65 设置艺术字样式

步骤 4. 弹出"编辑艺术字文字"对话框中设置参数，如图 4-66 所示，单击 确定 按钮，标题艺术字设置完成。

步骤 5. 将光标置于标题行，单击格式工具栏上的"居中"按钮，标题艺术字效果如图 4-67 所示。

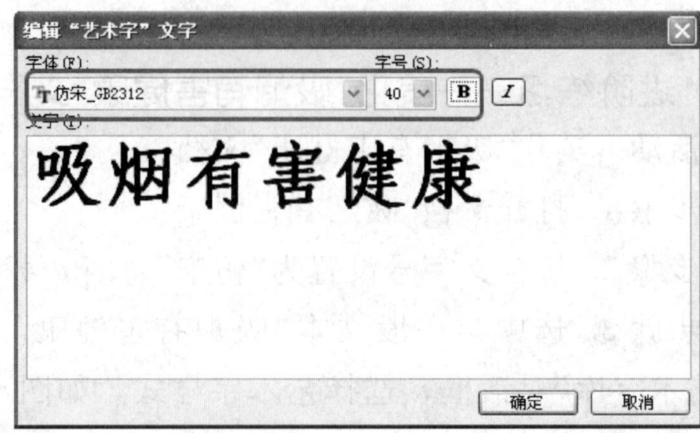

图 4-66　编辑艺术字文字

吸烟有害健康
吸烟的害处很多，它不但吞噬吸烟者的健康和生命，还会

图 4-67　标题艺术字效果

步骤 6. 选中正文第一段文字，选择“格式”菜单中的“字体”命令，设置字体颜色为红色，添加着重号，如图 4-68 所示。

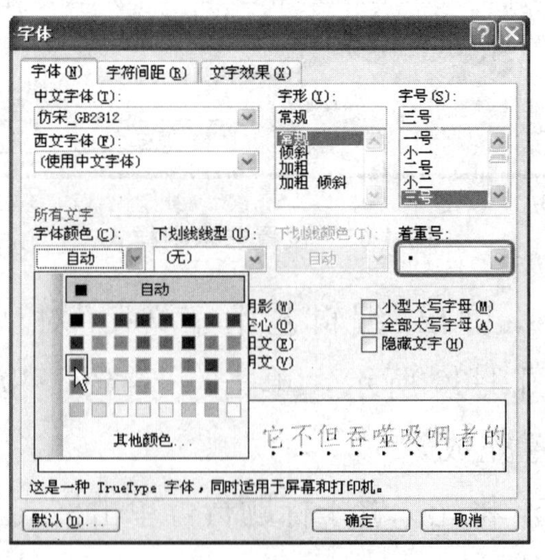

图 4-68　设置着重号

读书笔记

步骤 7. 选中正文第二段到第七段，选择“格式”菜单中的“项目符号和编号”命令，打开“项目符号和编号”对话框，设置编号样式，如图 4-69 所示，单击 确定 按钮。

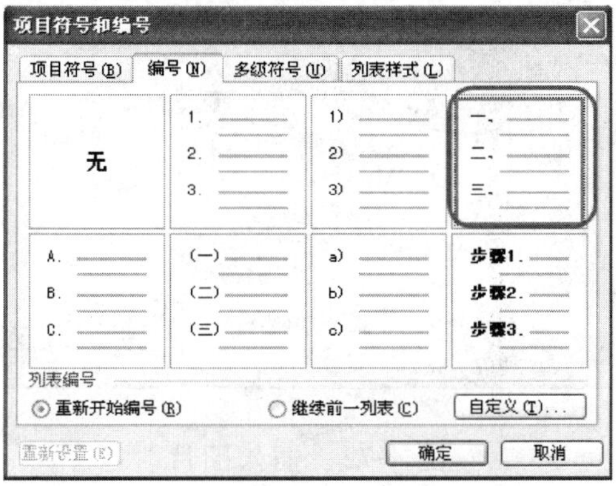

图 4-69　设置编号样式

步骤 8. 选择最后一段文字，设置为“小二号”、“加粗”和“居中”对齐方式。

步骤 9. 选择“格式”菜单中的“边框和底纹”命令，打开“边框和底纹”对话框，设置参数，如图 4-70所示。

图 4-70　设置边框和底纹

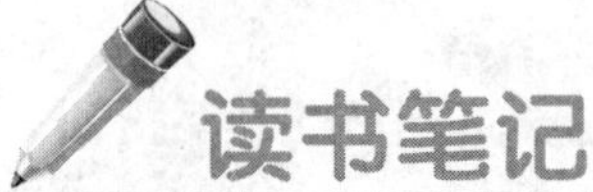

步骤 10. 选择菜单命令“插入”→“图片”→“来自文件”，打开“插入图片”对话框，选择“吸烟有害”图片，如图 4-72 所示，单击 插入(S) 按钮。

图 4-72 插入图片

步骤 11. 选择图片，设置环绕方式为“四周型”，调整图片大小，置于文档中，如图 4-73 所示。

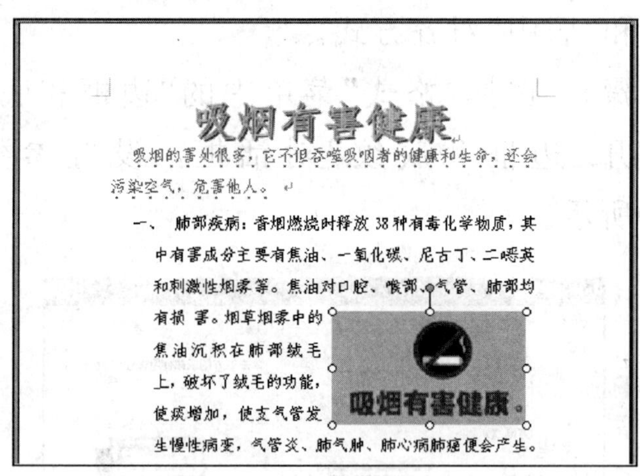

吸烟有害健康

吸烟的害处很多，它不但吞噬吸烟者的健康和生命，还会污染空气，危害他人。

一、 肺部疾病：香烟燃烧时释放 38 种有毒化学物质，其中有害成分主要有焦油、一氧化碳、尼古丁、二噁英和刺激性烟雾等。焦油对口腔、喉部、气管、肺部均有损害。烟草烟雾中的焦油沉积在肺部绒毛上，破坏了绒毛的功能，使痰增加，使支气管发生慢性病变，气管炎、肺气肿、肺心病肺癌便会产生。

图 4-73 调整图片大小

步骤 12. 设置文档页面格式，选择菜单“文件”中的“页面设置”命令，打开“页面设置”对话框，设置纸张大小为“A3”。

读书笔记

步骤 13. 打印预览，观察完成效果，如图 4-74 所示。

图 4-74　文档“吸烟有害健康”美化效果图

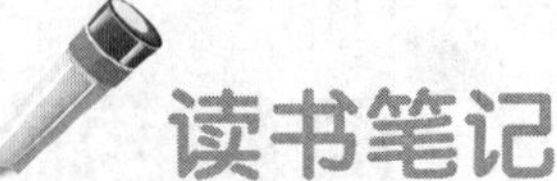

读书笔记

第 5 章　走进网络世界

学习重点

1. IE 浏览器的使用方法。
2. 浏览网页信息。
3. 搜索引擎的使用。
4. 保存网页信息。
5. 收藏网页。
6. 下载网络资源。
7. 百度地图。

5.1　网络遨游的工具——IE 浏览器

IE 是 Internet Explorer 的简称，即互联网浏览器。它是 Windows 系统自带的浏览器。它的作用简单讲就是上网查看网页信息。我们首先一起来学习如何启动和退出 IE 浏览器，以及它的窗口界面。

5.1.1　IE 浏览器的启动与关闭

知识讲解

随着 Windows 操作系统的不断升级更新，IE 浏览器也有了很多的版本，目前使用比较多的是 6.0 版、7.0 版和 8.0 版，在这本书中以目前使用的相对简单、普遍的 IE 6.0 版为例进行讲解。

读书笔记

任务 1 启动浏览器

通常情况下，在安装了 Windows 操作系统的计算机上，当系统启动完成后，我们可以在桌面上看到 IE 浏览器的图标，直接双击 IE 图标就可以启动 IE 浏览器了。

步骤 1. 在桌面上找到 IE 浏览器图标 。

步骤 2. 选中图标，直接双击。

步骤 3. 启动后的 IE 浏览器窗口界面如图 5-1 所示。

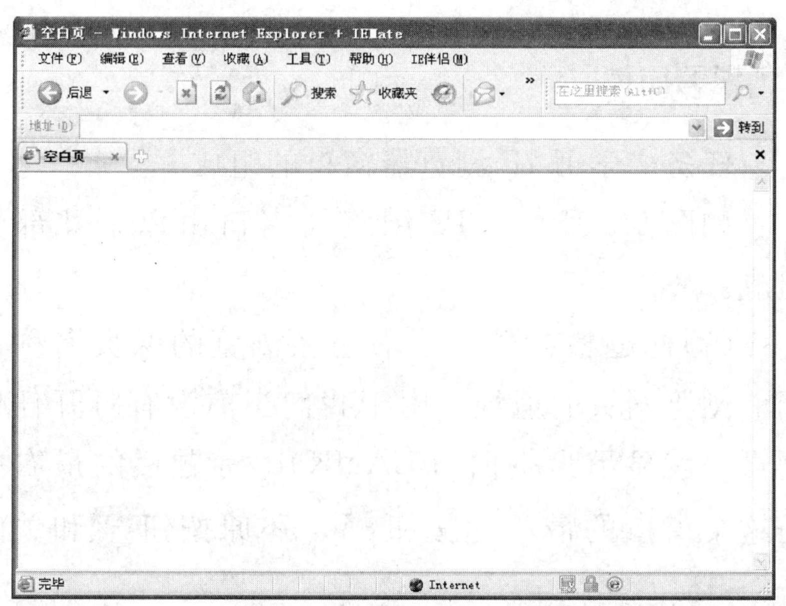

图 5-1 IE 浏览器窗口界面

任务 2 关闭 IE 浏览器

IE 浏览器的关闭方法与前面章节学习的关闭窗口的方法相同，单击 IE 浏览器窗口右上角的关闭按钮 。

读书笔记

练一练

请您启动 IE 浏览器，简单观察浏览器窗口并关闭 IE 浏览器。

5.1.2 IE 浏览器的窗口界面

知识讲解

启动 IE 浏览器后，就可以看到它的窗口界面了。IE 浏览器窗口主要由标题栏、菜单栏、工具栏、地址栏、显示区域、滚动杆和状态栏等内容组成。

学习园地

任务 学习 IE 浏览器窗口的组成

如图 5-2 所示，IE 浏览器窗口由以下几部分组成。

(1)标题栏：显示当前正在浏览的网页名称或当前浏览网页的地址。由于我们当前没有打开任何网页，就显示为空白(BLANK)。标题栏的最右端是这个窗口的最小化按钮、还原按钮和关闭按钮。

(2)菜单栏：显示可以使用的所有菜单命令，包括文件、编辑、查看、收藏、工具、帮助。在实际的使用中我们可以不用打开菜单，而是单击相应的按钮来快捷执行命令。

(3)工具栏：提供浏览器的常用操作功能，列

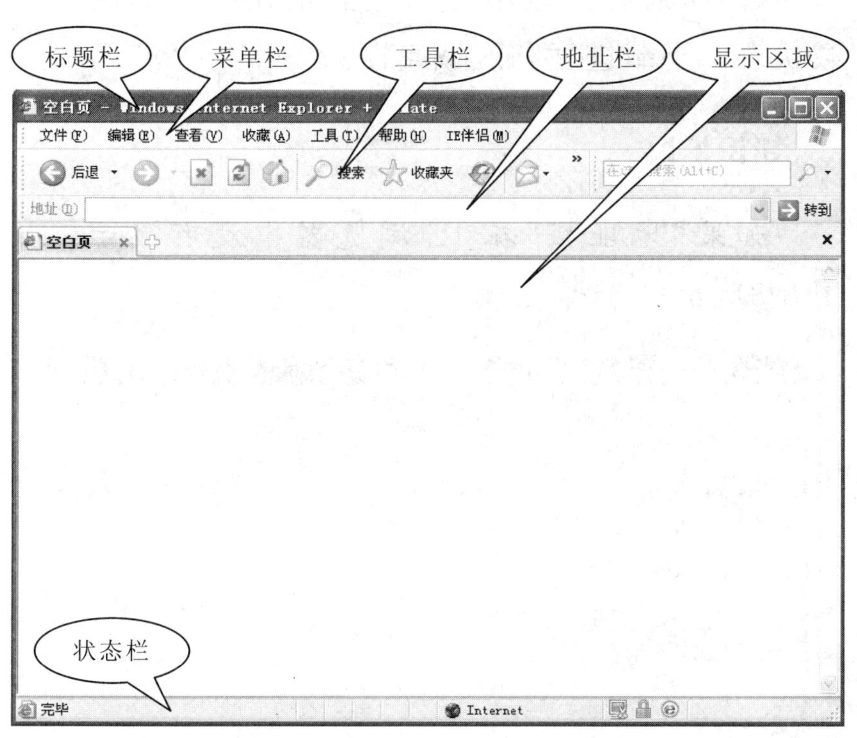

图 5-2　IE 浏览器窗口组成

出了常用命令的工具按钮，使我们可以不用打开菜单，而是单击相应的按钮来快捷地执行命令。包括后退（浏览过的上一网页）、前进（浏览过的下一网页）、停止浏览、刷新、浏览主页、搜索、收藏夹、历史等。常用的按钮为刷新按钮、主页按钮和收藏夹按钮。

(4)地址栏：输入网址的地方。我们可以在地址栏中输入网址直接连接到需要浏览的互联网资源。

(5)显示区域：显示网页内容，是我们最感兴趣的地方。

读书笔记

(6)状态栏：显示当前我们正在浏览的网页下载状态、下载进度和区域属性。

知识扩展

如果“地址栏”在IE浏览器中没有显示，如图5-3所示。

图 5-3　没有“状态栏”的 IE 浏览器窗口

显示地址栏：单击菜单栏中的“查看”，在下拉菜单中将鼠标指针指向“工具栏”，在“工具栏”的下一级菜单中，找到“地址栏”项，如图5-4。注意看“地址栏”前面没有“对钩”符号“√”，说明“地址栏”处于隐藏状态。单击“地址栏”，即可将其显示出来。

其他的如菜单栏、状态栏等在IE浏览器中没有显示，可以用相同的方法使其显示出来。反之，可以用相同的方法将其隐藏。

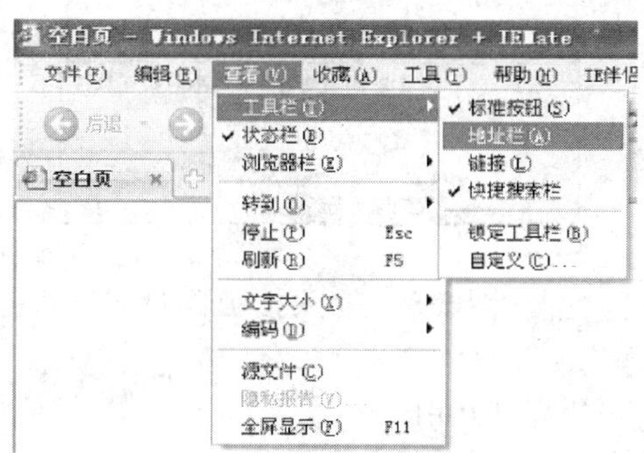

图 5-4　显示“地址栏”

读书笔记

5.2　浏览网页

在初步认识了 IE 浏览器后，我们在本节中将学习如何使用 IE 浏览器浏览互联网上的信息，并且掌握一些 IE 浏览器的使用技巧。

5.2.1　浏览网页

知识讲解

IE 浏览器浏览网页包括文字、图片、声音、视频等各种互联网信息，正确输入网址能够保证我们顺利地浏览网页。随着我们在网络上浏览网页的数量越来越多，实用的网址我们也将知道的越来越多。

学习园地

任务　浏览搜狐网页

步骤 1. 启动 IE 浏览器。

步骤 2. 在地址栏输入搜狐主页的网址 www. sohu. com，如图 5-5 所示，按 Enter 键。

图 5-5 输入搜狐网址

步骤 3. 浏览网页。

步骤 4. 查找感兴趣的资讯，观察光标变化。

步骤 5. 在光标变成手形时，单击鼠标左键，浏览相关超链接网页信息。

步骤 6. 使用前进、后退按钮实现已浏览网页间的快速查看。

练一练

活动 请您打开 IE 浏览器，在地址栏中输入 www.sina.com.cn，浏览新浪网站内的资讯信息。

知识扩展

在 IE 浏览器中，除了使用工具栏按钮实现相应功能，我们还可以借助快捷键完成同样的操作，这样可以提高使用 IE 浏览器的效率。表 5-1 中简单介绍几种常用的快捷键操作。

表 5-1 IE 浏览器中的快捷键操作

功能介绍	快捷键
显示帮助	F1
在全屏幕和常规浏览器窗口之间进行切换	F11
转到下一页	Alt+向右键

续表

功能介绍	快捷键
返回前一页	Alt+向左键或 Backspace
以较大跨度向文档起始处翻页	Page Up
以较大跨度向文档结尾处翻页	Page Down
移动到文档的开头	Home
移动到文档的结尾	End
刷新当前网页	F5

读书笔记

5.2.2 IE浏览器使用技巧

使用IE浏览器并不是一件难事，可是如何快捷、方便、实用地使用浏览器浏览网页，则需要我们学习一些IE浏览器使用的相关技巧。本节中我们将学习一些常用的技巧、方法，提高对IE浏览器的使用技能。

学习园地

任务1 更改网页中字体大小

步骤1. 使用IE浏览器查看某一网页。

步骤2. 单击“查看”菜单，然后单击“文字大小”，选择字体大小选项，如图5-6所示。

步骤3. 按F5刷新网页，即可看到网页中的文字较以前大了一些。

注意：有的网页页面的字体是固定大小的，所以打开这种页面时，即使设置了字体大小也不会有所改变。

任务2 利用地址栏记忆功能查看已浏览过的

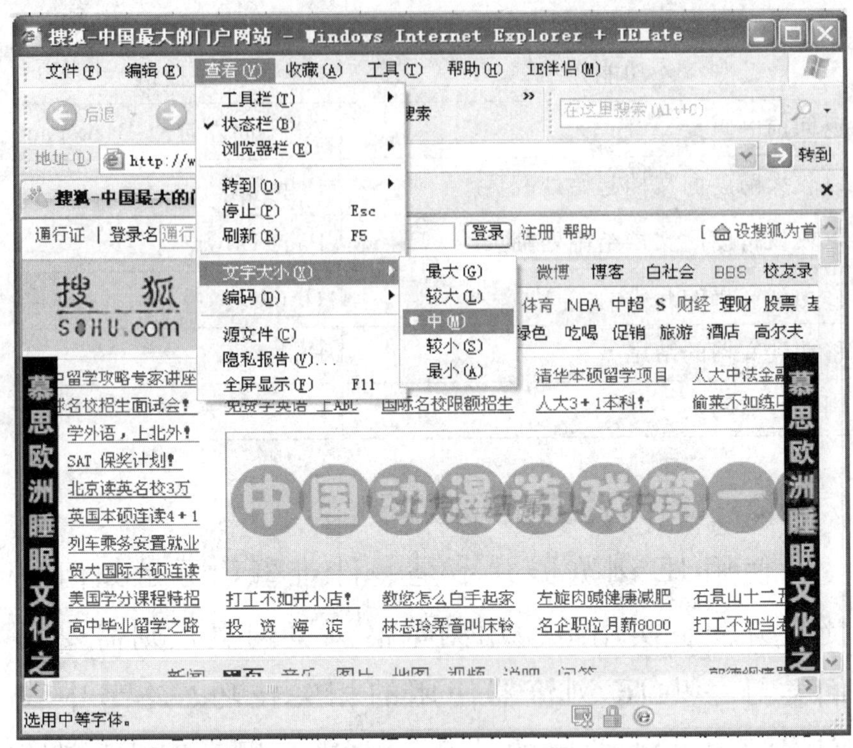

图 5-6 更改字体大小

网页

步骤 1. 在地址栏中输入“www.”。

步骤 2. 在弹出下拉列表框中选择最近访问过的网址，如图 5-7 所示。

图 5-7 地址栏记忆功能

读书笔记

任务3 快速输入地址

步骤1. 在地址栏中输入"sohu."。

步骤2. 按【Ctrl】+【Enter】，在单词的两端自动添加 http://www 和 com，并且自动开始浏览。

任务4 查看历史

步骤1. 单击工具栏中"历史"按钮。

步骤2. 在IE浏览器左侧历史窗口中，按日期查看历史记录，如图5-8所示。

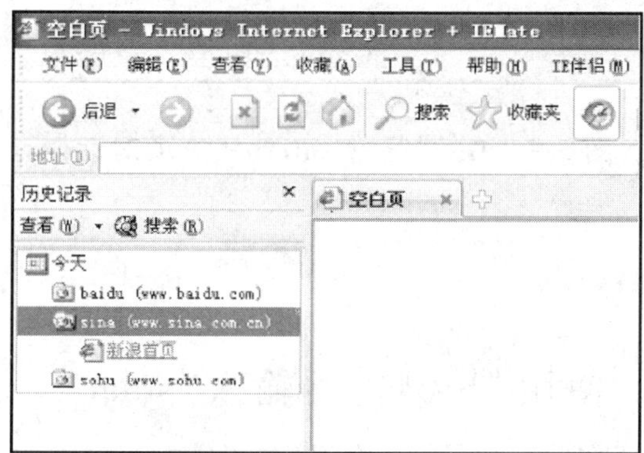

图5-8 IE浏览器历史窗口

任务5 快速显示网页

步骤1. 单击"工具"菜单选择"Internet 选项"命令。

步骤2. 在"Internet 选项"对话框中，单击"高级"选项卡，取消"多媒体"选框，如图5-9所示。

步骤3. 单击"确定"按钮，关闭"Internet 选项"对话框。此时进行浏览网页时，网页上只能看到文字，而图片、动画、声音等都不会显示出来，这样打开网页的速度会提高很多。有所得必有所失，这样的损失是网页并不完整。

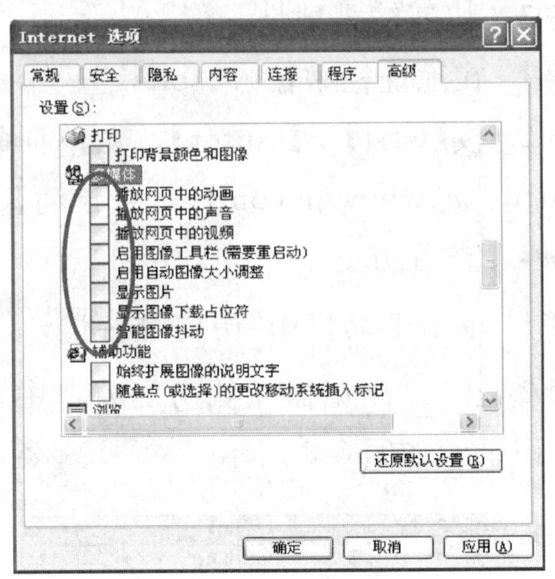

图 5-9　IE 浏览器 Internet 选项对话框

试一试

活动　使用 IE 浏览器输入“sina.”，运用快捷键快速浏览新浪网页。并且在历史窗口中查看已浏览过的新浪网页。将字体大小设置为最大，并查看网页变化效果。

5.3　使用搜索引擎查找信息

搜索引擎指自动从互联网搜集信息，经过一定整理以后，提供给我们进行查询的系统。互联网上的信息浩瀚万千，而且毫无秩序，所有的信息像汪洋上的一个个小岛，网页链接是这些小岛之间纵横交错的桥梁，而搜索引擎，则为我们绘制一幅一目了然的信息地图，供我们随时查阅。

5.3.1 流行的搜索引擎有哪些

读书笔记

知识讲解

当前搜索引擎主要有两类：即英文引擎和中文引擎。常用的英文搜索引擎包括 Google、Yahoo、Infoseek 等，常用的中文搜索引擎主要有百度、中文 Yahoo!、搜狐、网易等。

学习园地

任务 记住一些常用的搜索引擎网址

（1）全球最大的搜索引擎：谷歌（www.google.com）。它最大的特点是全球最大，中国有四家一级代理商，所收的信息准确率最高、最全。

（2）中文最大的搜索引擎：百度（www.baidu.com），我国使用的人最多，网络速度最快。

（3）雅虎（www.yahoo.com.cn）也是一个比较强大的搜索引擎，不过页面内容比较多，有一些门户网站的感觉。

试一试

活动 使用 IE 浏览器，浏览 www.google.com，www.baidu.com，www.yahoo.com.cn 中的一个网站，并且尝试对自己感兴趣的一些内容进行搜索，如地图、天气、军事、旅游等。

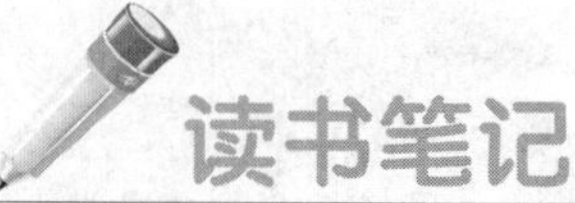

5.3.2 用关键字快速查找信息

知识讲解

在搜索引擎中搜索，需要输入关键字。所谓关键字，英文是 keyword，就是我们希望了解的产品、服务或者公司等内容名称。例如，有一个客户想在网上买鲜花，他将会在搜索框中输入关键字"鲜花"，寻找相关信息。

简单地说，关键字就是我们在使用搜索引擎时输入的、能够最大程度概括我们所要查找的信息内容的字或者词，是信息的概括化和集中化，如上面例子中的"鲜花"。本节中将以百度网站为例，进行关键字查找信息的搜索。

学习园地

任务1 在百度网站中查找天气预报信息

步骤1. 启动IE浏览器，在"地址栏"中输入百度的网址 www.baidu.com，按"Enter"键确认，打开"百度"的网页，如图5-10所示。

步骤2. 在搜索框中输入关键字"天气预报"，并单击"百度一下"按钮。

步骤3. 查看搜索到的网页信息，默认的第一条是北京地区的天气预报，如图5-11所示。

图 5-10　百度搜索天气预报

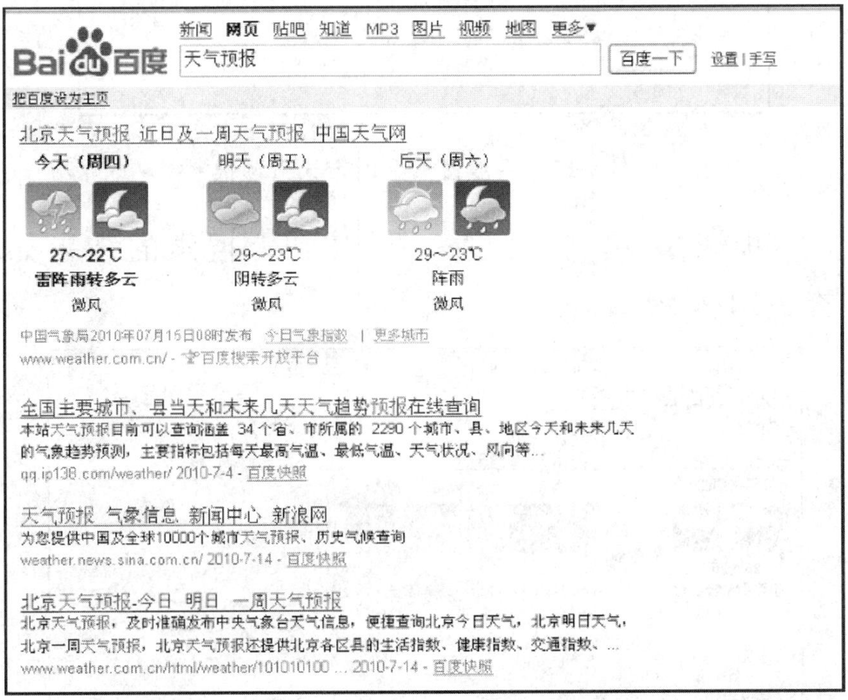

图 5-11　百度搜索查看天气预报结果

任务 2　在百度网站中查找上海市天气预报信息

步骤 1. 启动 IE 浏览器，在“地址栏”输入 www. baidu. com，按“Enter”键确认。

读书笔记

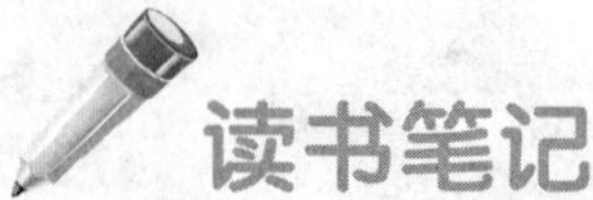

步骤 2. 在搜索框中输入关键字“天气预报”、“上海”，中间用空格隔开，如图 5-12 所示。

图 5-12 百度搜索上海市天气预报

步骤 3. 单击“百度一下”按钮，搜索的结果如图 5-13 所示。

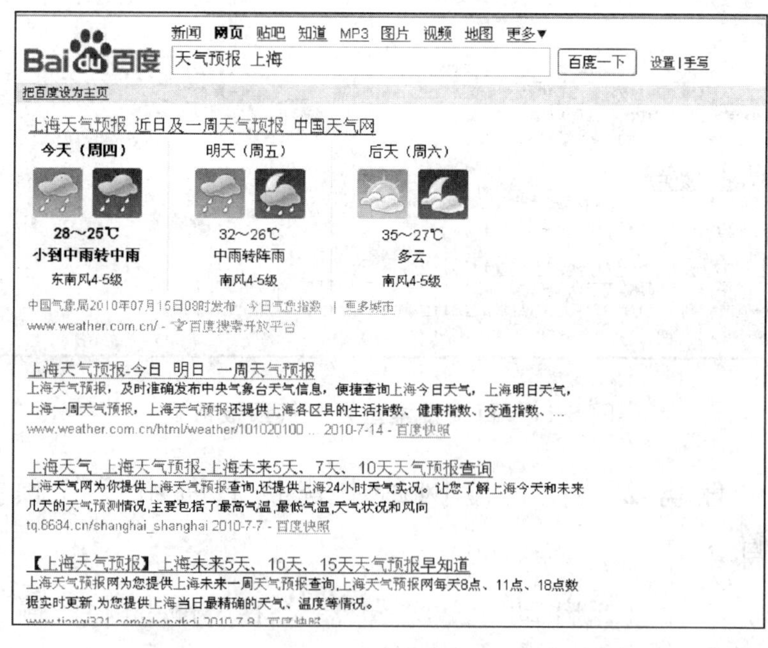

图 5-13 百度搜索查看上海市天气预报

试一试

活动 请您使用百度搜索引擎，搜索世博会中国馆的相关信息。

知识扩展

互联网的信息无限多，管理和使用这些信息都非常不方便，要想快速便捷地对互联网信息进行检索、查询，我们需要依靠搜索网站的帮助。而要用好搜索网站，提高搜索的命中率，我们还需要掌握一些搜索的技巧。

1. 选择恰当的关键字

首先需要知道或者估计出目标网页内包含的文字，形成一个比较清晰的概念，再从中提炼出此类信息最具代表性的关键字。尽量不要选择常用词汇进行搜索，但可以同时使用多个关键字，在关键字之间加入“空格”进行搜索，这样才能避免返回无关的搜索结果。

2. 句子检索法可有效提高文本检准率

在使用搜索网站时，不少人经常被“关键字”这个名称所限，而忘了关键字可以是一个字、一个词，甚至是一句话。例如，在搜索小说、文章等文本内容时，最简单的方法，是用文章的标题搜索，但最高效的方法，则是用文中的一句话来搜索，可以让您的搜索效率提高不少。

读书笔记

3. 文件检索法利于快速查找文件目标

如果您的搜索目标是一个文件，如一个公司Logo(徽标)的图像文件，或者一个设备驱动程序的压缩包，除了可以用公司的名称或者设备的名称进行搜索外，还可以从文件的名称入手。

4."抛砖引玉"法利于快速查找相关信息

如果您有一个非常喜欢的专业网站，并希望从互联网上找到更多同类的网站，这时怎么选择关键字最有效呢？或许搜索这个网站的内容类型会找到一些不错的站点，例如，使用"军事网站"、"医学站点"做关键字，但很多时候这种搜索方法也可能一无所得。实际上最有效的方法是抛砖引玉，用您最喜欢的网站的站点地址作为关键字，因为链接到那个站点的往往是同类站点，用这种方法您肯定能够找到一些相关的网站。

5. 中西结合检索法可以很好地完成某些搜索任务

在使用搜索网站时，灵活地结合中文和英文可以很好地完成某些搜索任务。除了可以将要翻译成中文的英文词汇用作关键字，并指定搜索网站只返回中文网页的结果，尝试将搜索网站当成翻译机器来使用，还可以将中文词汇的一部分翻译成英文，例如，您正想将"土豆烧牛肉"翻译成英文，只要您知道土豆的英文，您就可以输入关键字"土豆烧牛肉 potato"，从互联网上找到含有"土豆烧牛肉"的英文网页。

5.3.3 搜索图片

读书笔记

知识讲解

在学习了如何搜索信息后，我们还可以利用已学过的信息搜索知识对互联网上的图片信息进行检索。本节中，我们将在百度网站中搜索图片。

学习园地

任务 在百度网站中搜索世博会场馆图片

步骤 1. 启动 IE 浏览器，在地址栏输入 www. baidu. com 并按“Enter”键。

步骤 2. 单击“图片”，并在搜索框中输入“世博会场馆”，如图 5-14 所示。

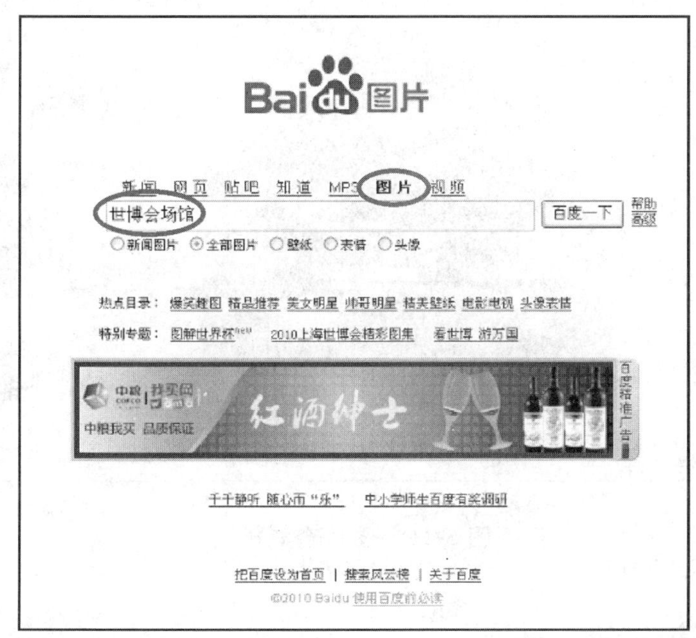

图 5-14 百度搜索世博会场馆图片

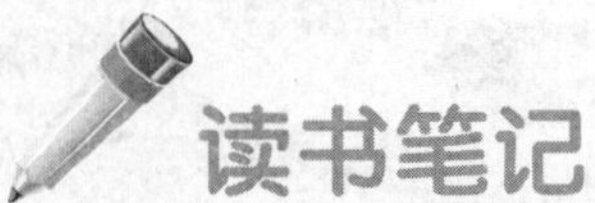

步骤 3. 单击“百度一下”按钮，搜索结果如图 5-15所示。

图 5-15　百度查看世博会场馆图片结果

步骤 4. 单击查看某一张图片，进入图片查看模式，如图 5-16 所示。

图 5-16　图片查看模式

活动　使用百度搜索引擎，搜索一些世界杯的图片。

读书笔记

5.3.4 搜索音乐

知识讲解

音乐是多媒体资源中的重要组成部分，互联网上拥有大量的音乐资源，我们可以利用搜索引擎找到自己想要的音乐资源，并且实现在线听音乐。

学习园地

任务 在百度网站中搜索音乐——南泥湾

步骤 1. 启动 IE 浏览器，在地址栏输入 www. baidu. com 并按“Enter”键。

步骤 2. 在搜索框中输入“南泥湾”，单击“MP3”，“MP3”按钮的位置如图 5-17 所示。

图 5-17 百度搜索音乐

步骤 3. 打开百度 MP3 搜索页面，单击“百度一下”，搜索结果如图 5-18 所示。

步骤 4. 在搜索结果中，单击试听，欣赏歌曲《南泥湾》，显示如图 5-19 所示。

图 5-18　百度 MP3 搜索页面

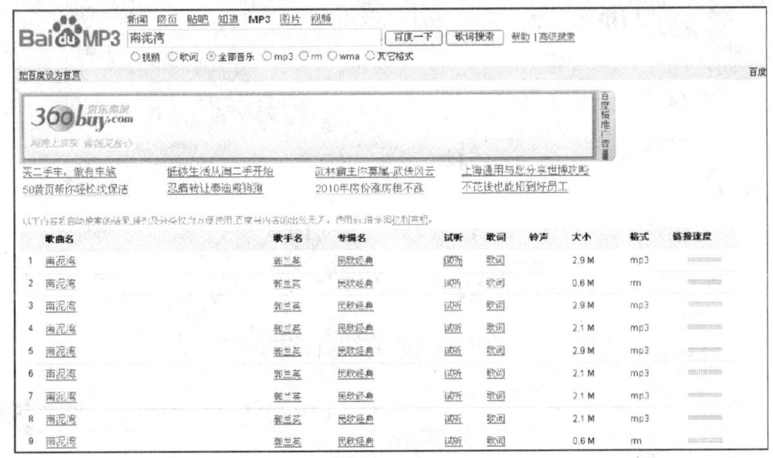

图 5-19　试听音乐《南泥湾》

试一试

活动　在互联网中搜索音乐《我和我的祖国》并试听。

知识扩展

MP3 就是一种音频压缩技术，由于这种压缩方式的全称叫 MPEG Audio Layer3，所以人们把它简称为 MP3。MP3 是利用 MPEG Audio Layer3 的技术，将音乐压缩成容量较小的文件，是当前网络中最为流行的音频文件之一。

5.3.5 搜索视频

读书笔记

知识讲解

随着互联网的不断发展，网速不断提升，我们不再仅仅局限于在网上查看资讯、听音乐，现在我们还可以在网上随意观看需要的视频节目。

学习园地

任务 在百度网站中搜索视频——北京奥运会开幕式

步骤 1. 启动 IE 浏览器，进入百度页面。

步骤 2. 在搜索框中输入“北京奥运会开幕式”，如图 5-20 所示。

图 5-20 百度搜索视频

步骤 3. 单击“视频”，打开百度视频搜索页面，如图 5-21 所示。

步骤 4. 单击“百度一下”，搜索到的都是文件名与关键字相关的视频资料，如图 5-22 所示。单击任一文件，即可欣赏。

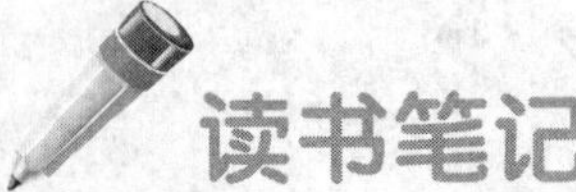

图 5-21　百度视频搜索页面

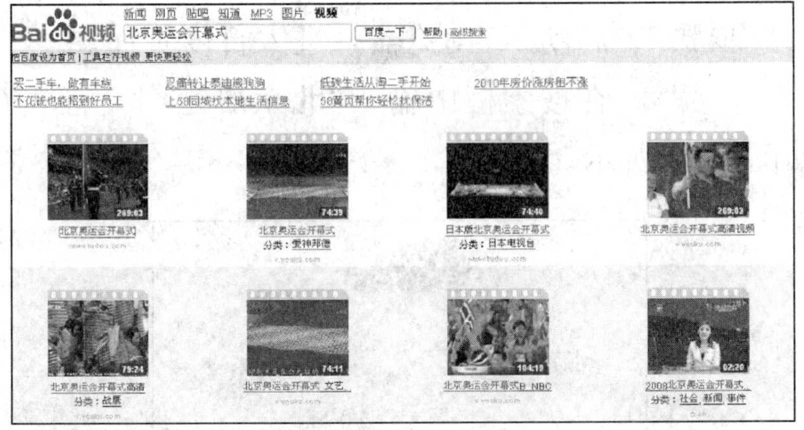

图 5-22　欣赏视频《北京奥运会开幕式》

试一试

活动　在互联网中搜索视频《奥运会闭幕式》并观看。

知识扩展

网络视频是指视频网站提供的在线视频播放服务，主要利用流媒体格式的视频文件，众多的流媒

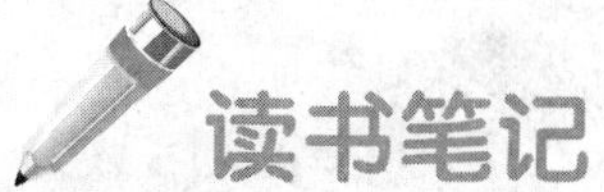

体格式中，flv 格式由于文件小，占用客户端资源少等优点成为网络视频所依靠的主要文件格式。

要想正常观看网上的视频资料，一方面需要在电脑中安装相应的播放器；另一方面要求上网的速度较快，否则播放的画面会停停走走，影响观看效果。

5.4 保存网页中的信息

有些时候，我们需要对在互联网上搜索的信息作为资料进行保存，以方便我们使用。在本节中，我们将学习如何对网页中的文字、图片信息进行保存。

5.4.1 保存整个网页

知识讲解

在我们浏览的网页中，包含了文字、图片、Flash 等很多信息。当需要对某一页面进行保存时，我们需要知道保存后会产生一个页面文件及一个存储着网页中其他元素的文件夹。

学习园地

任务 保存搜狐首页全部信息

步骤 1. 使用 IE 浏览器查看搜狐首页（www.sohu.com）。

步骤 2. 单击“文件”菜单，在下拉菜单中单击选择“另存为”命令，如图 5-23 所示。

读书笔记

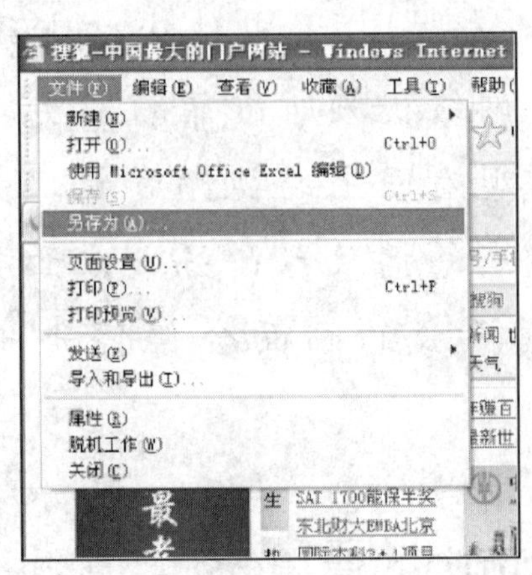

图 5-23　IE 浏览器—文件—另存为

步骤 3. 选择存储网页的位置为“桌面”，设置保存类型为“网页，全部(*.htm; *.html)”，如图 5-24 所示。

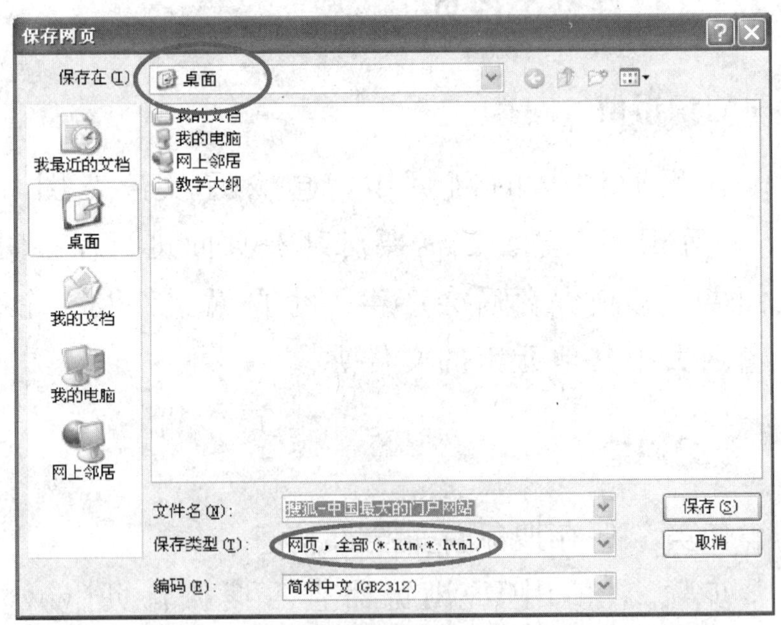

图 5-24　设置网页存储位置及类型

步骤 4. 单击“保存”按钮，在桌面会产生一个页面文件及一个存储着网页中其他元素的文件夹，

如图 5-25 所示。

步骤 5. 双击这个保存下来的搜狐网页文件，即使没有上网，也能看到存储在桌面上的搜狐网页内容。

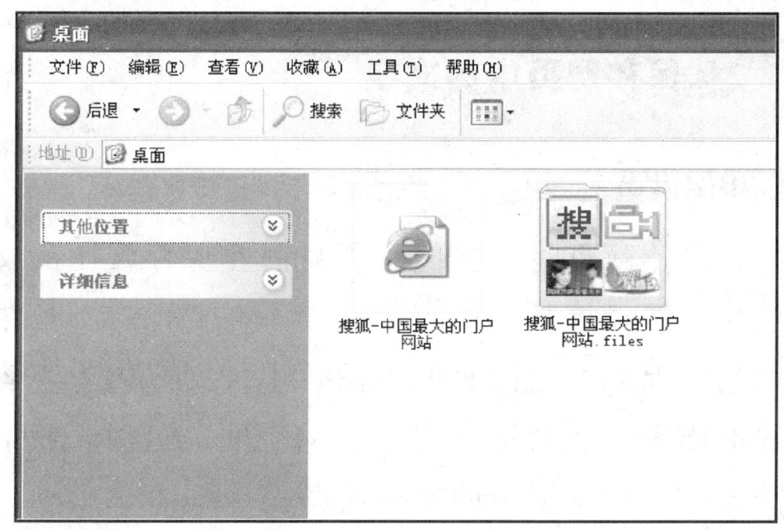

图 5-25 网页文件存储

练一练

活动 请您使用 IE 浏览器，保存新浪网(www. sina. com. cn)首页。

知识扩展

有些时候，我们没有保存网页，还可以借助 IE 浏览器的自动保存功能，查看已经浏览过的网页，即脱机工作。脱机工作就是指，IE 浏览器在不上网的情况下，查看原来看过的网页，当使用脱机工作时，IE 将不在网上重新下载网页，而是从本地硬盘

上原来已下载的文件中读取该网页已下载的信息，当您上网进入网站时，IE 会把网页中的数据保存在本机硬盘中。但是需要强调一下脱机工作的前提是，脱机工作只能打开您原来已经在网上打开过的网页。

5.4.2 保存网页中的文字

知识讲解

在浏览网页时，我们可能只需要保存其中的文字信息，图片等其他内容我们则不需要保存。如果使用前面保存整个网页的方法，不仅文字内容不容易提取出来，还会浪费许多存储空间。这时，我们就需要只保存网页中的文字信息。

学习园地

任务 保存网页中的文字信息

步骤 1. 使用 IE 浏览器，浏览搜狐网页中的资讯信息。（以 http：//news. sohu. com/20100714/ n273529230. shtml 为例）

步骤 2. 单击“文件”菜单，在下拉菜单中单击选择“另存为”命令，如图 5-26所示。

图 5-26 IE 浏览器一文件一另存为

步骤 3. 选择存储网页文字的位置为“桌面”，

并设置保存类型为“文本文件(*.txt)”，如图 5-27 所示。

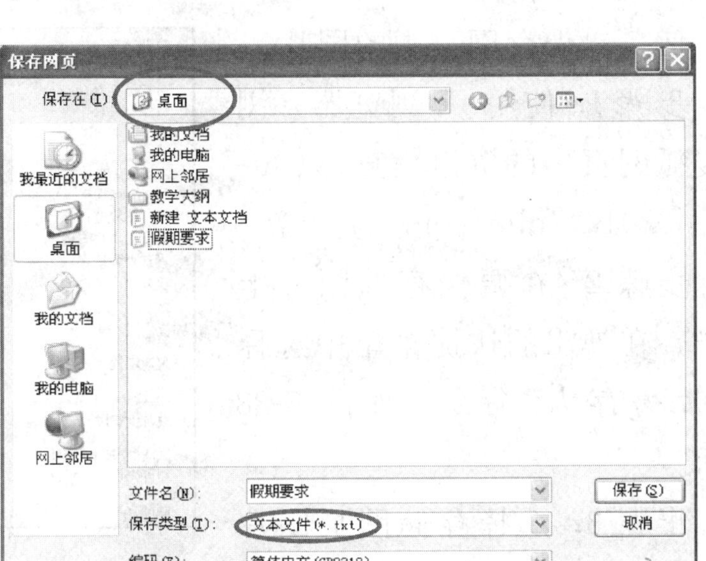

图 5-27　IE 浏览器一保存文本文件

步骤 4. 单击“保存”按钮，在桌面保存这个网页的文字信息。

练一练

活动　请您使用 IE 浏览器，浏览新浪网(www.sina.com.cn)中的资讯，并保存其中的文字信息。

5.4.3　保存网页中的图片

知识讲解

图片是网页中的重要资源，我们可以用来保存、打印、制作桌面壁纸等。在本节中我们将学习保存网页中的图片。

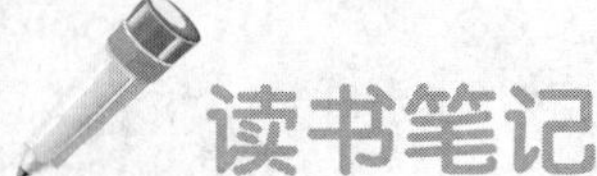

学习园地

任务 保存网页中的图片

步骤 1. 使用 IE 浏览器，浏览搜狐网页中的资讯信息(以 http：//2010. sohu. com/为例)。

步骤 2. 在要保存的图片上右击，在弹出的快捷菜单中选择“图片另存为”命令，如图 5-28 所示。

步骤 3. 选择存储网页图片位置为“桌面”，如图 5-29 所示。

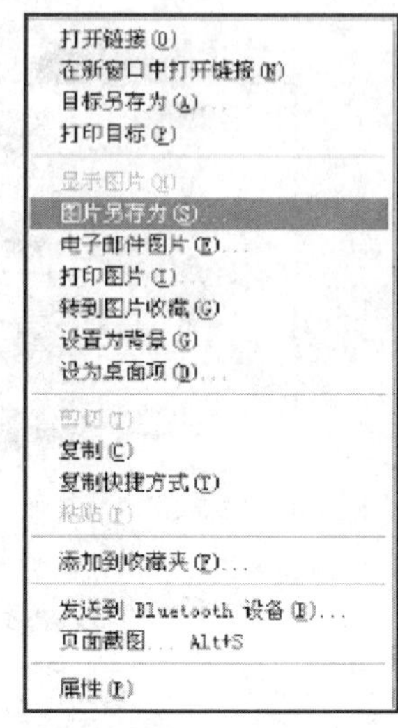

图 5-28 图片另存为

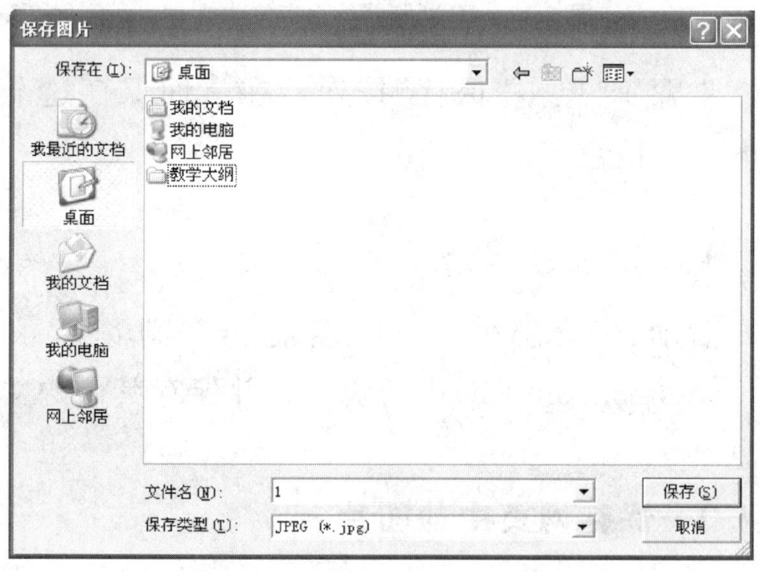

图 5-29 IE 浏览器一保存图片文件

步骤 4. 单击“保存”按钮，即可将这张图片保存到桌面。

读书笔记

练一练

活动 请使用IE浏览器，浏览新浪网(www.sina.com.cn)，并保存其中喜欢的图片。

5.5 收藏网页

互联网上的精彩内容很多，将经常访问的网站放到收藏夹里，这样就不必记住或输入任何内容，只需点几下鼠标就能到达所要去的网站了。

5.5.1 将网页地址添加到收藏夹

知识讲解

所谓收藏夹就是一个文件夹，在该文件夹下可以建立子文件夹。它的主要功能是帮助收集那些您浏览过并可能今后会再次访问的站点。有了收藏夹，就可以将有价值的站点添加进去，方便以后访问这些站点。

学习园地

任务 添加搜狐网页到收藏夹

步骤1. 使用IE浏览器查看搜狐首页(www.sohu.com)。

步骤2. 单击"收藏"菜单，选择"添加到收藏夹"，如图5-30所示。

步骤3. 在"添加到收藏夹"对话框中设置保存网址的名称，并单击"确定"按钮，将当前打开的网页添加到收藏夹，如图5-31所示。

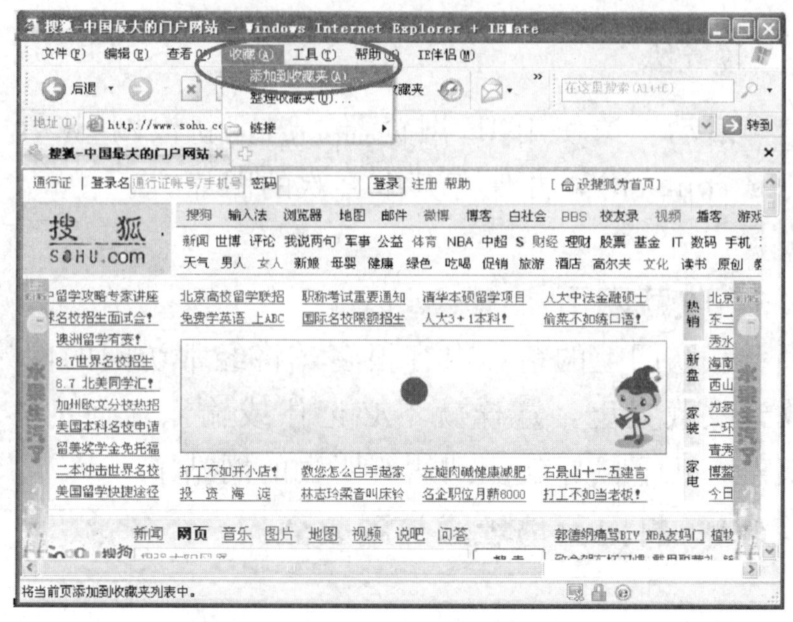

图 5-30 IE 浏览器—添加到收藏夹

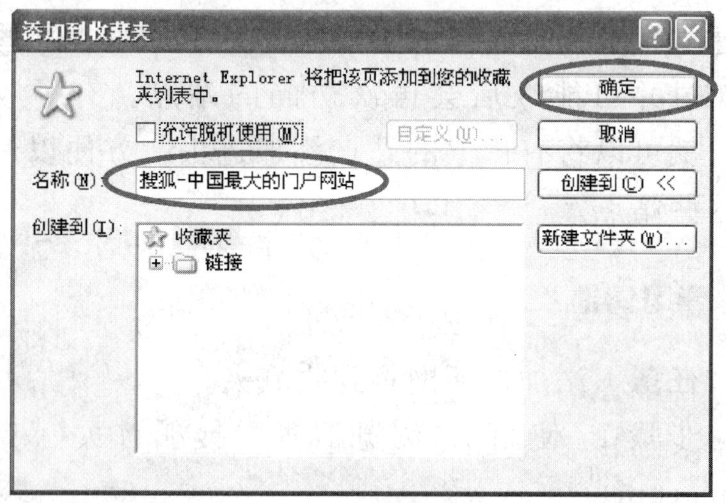

图 5-31 “添加到收藏夹”对话框

步骤 4. 单击收藏夹按钮，在收藏夹窗口中即可找到刚才添加的搜狐网址，如图 5-32 所示。直接单击该网址，即可进入该网站。

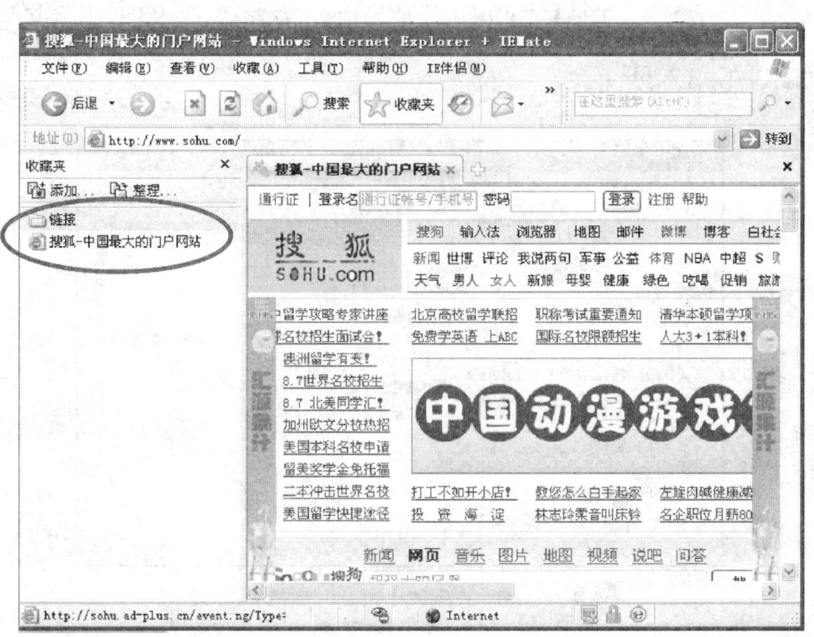

图 5-32　IE 浏览器—查看收藏夹

练一练

活动　请使用 IE 浏览器，添加新浪网(www.sina.com.cn)到收藏夹。

5.5.2　整理收藏夹

知识讲解

随着精彩网址的不断添加，要在 IE 收藏夹查找某个网址的时候会很麻烦。这就需要整理 IE 收藏夹了。

学习园地

任务　添加搜狐网页到收藏夹

步骤 1. 使用 IE 浏览器添加多个搜狐网页到收藏夹。

读书笔记

步骤 2. 单击“收藏”菜单，选择“整理收藏夹”，如图 5-33 所示。

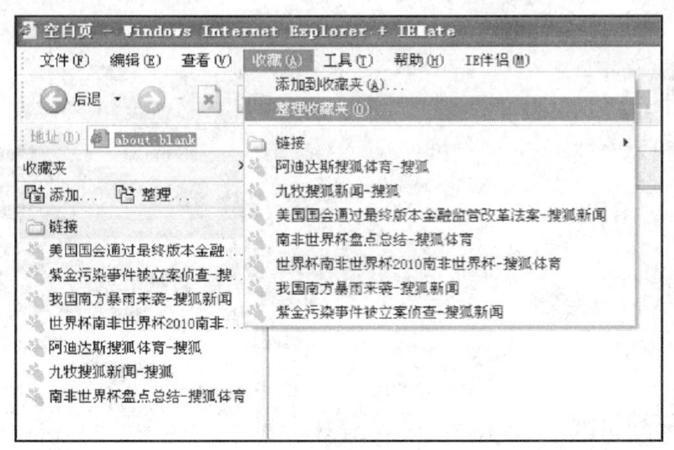

图 5-33 IE 浏览器—整理收藏夹

步骤 3. 在“整理收藏夹”对话框中单击“创建文件夹”按钮，创建 1 个新文件夹，并命名为“新闻”，如图 5-34 所示。

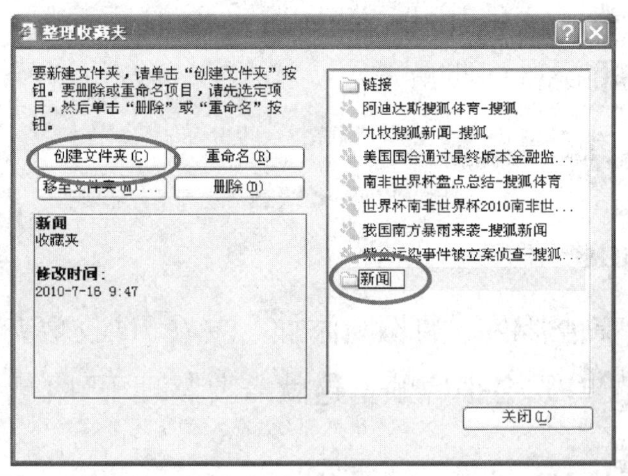

图 5-34 IE 浏览器—整理收藏夹—创建文件夹

步骤 4. 再创建 1 个文件夹“体育”，方法与步骤 3 相同。

读书笔记

步骤 5. 选中已收藏的网址，单击“移至文件夹”，如图 5-35 所示。

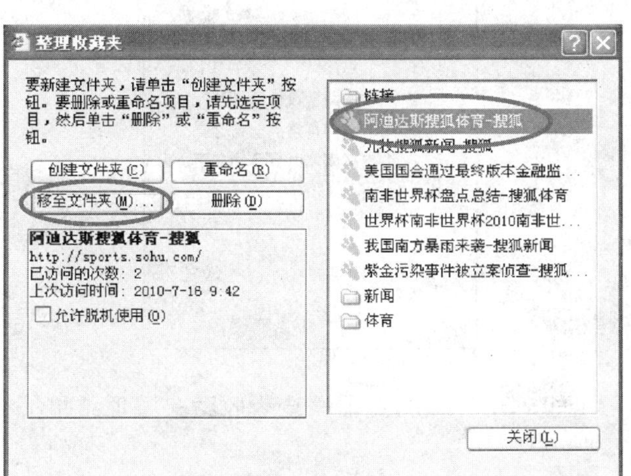

图 5-35　IE 浏览器—整理收藏夹—移至文件夹

步骤 6. 在弹出的对话框中，单击选择“体育”，如图 5-36 所示。

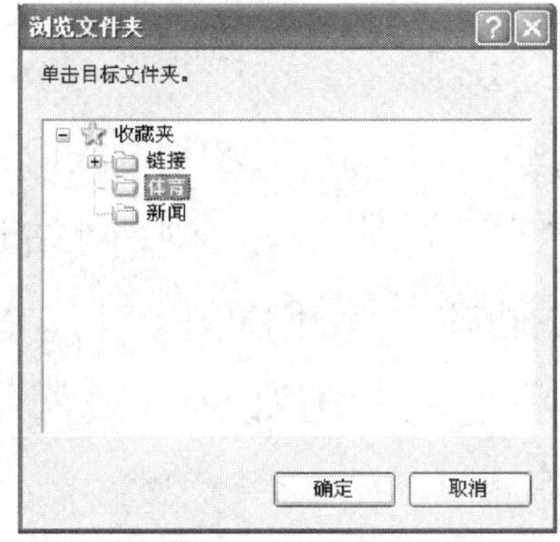

图 5-36　IE 浏览器—整理收藏夹—选择文件夹

步骤 7. 将其他网页移至相应的文件夹中，方法同步骤 6。

步骤 8. 收藏夹整理结果如图 5-37 所示。

读书笔记

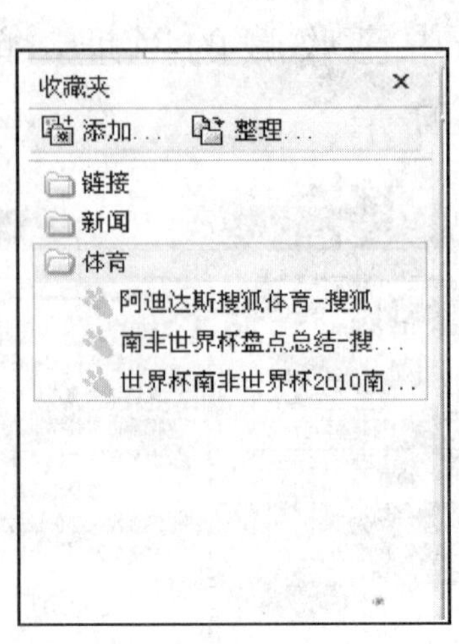

图 5-37　IE 浏览器—查看收藏夹整理结果

练一练

活动　请使用 IE 浏览器，添加您关注的网页到收藏夹，并且进行整理。

5.6　下载网络资源

互联网上资源很多，除了前面学习的保存网页、图片、文字等方法外，有些网站还为我们提供软件、PDF 文档等，我们可以对这些资源进行下载。本节中，我们将学习如何下载网络资源。

知识讲解

进入网页后，其中的某些内容是可以下载的，单击可以下载的超级链接后，按照提示步骤我们就可以下载相应的文件了，但是要记住文件保存的位置和名称，方便我们下载后使用。

学习园地

读书笔记

任务　新浪软件资源下载

步骤 1. 使用 IE 浏览器登录新浪软件下载网页，本任务以下载 RealPlayer SP 简体中文版为例(http：//down. tech. sina. com. cn/page/44823. html)，单击“新浪本地下载”，如图 5-38 所示。

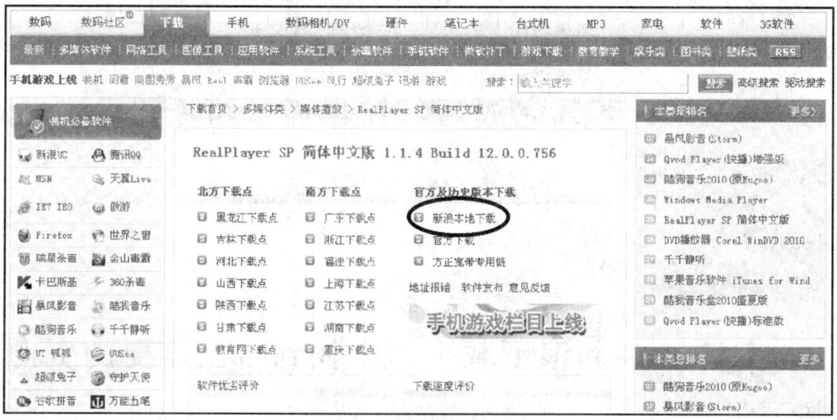

图 5-38　新浪软件资源下载页面

步骤 2. 在“文件下载－安全警告”对话框中单击“保存”按钮，如图 5-39 所示。

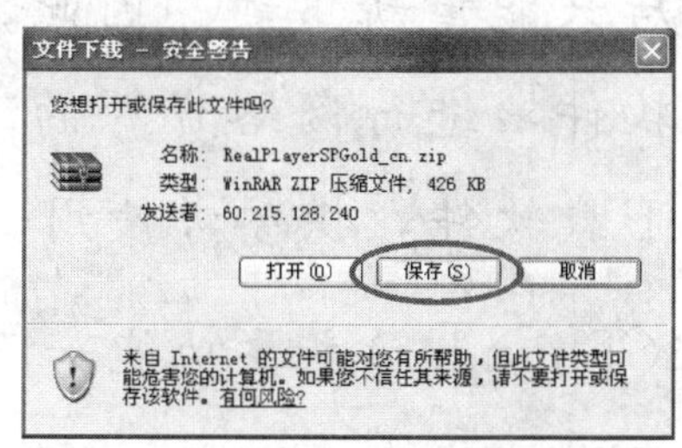

图 5-39　“文件下载－安全警告”对话框

步骤 3. 设置文件保存位置为桌面，文件名称默认，如图 5-40 所示。

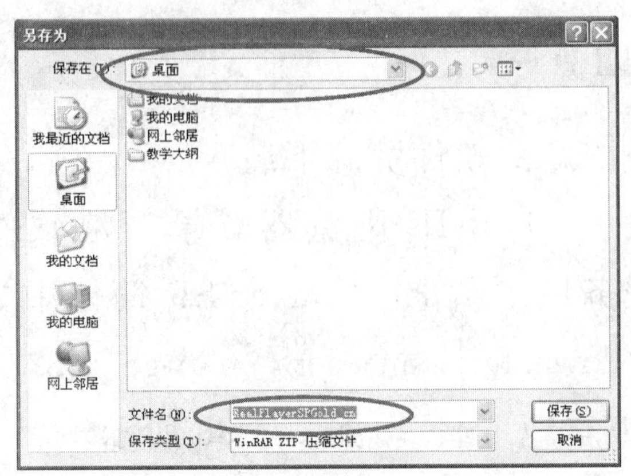

图 5-40 设置保存位置及名称

步骤 4. 下载完成后，在桌面上可看到文件图标。

试一试

活动 在新浪下载页面中找到自己需要的资源并下载。

知识扩展

使用 IE 浏览器进行下载时，速度会比较慢，并且中途断线后只能重新下载。因此，目前人们常使用一些下载软件，进行网络资源的下载。下面介绍几款常用的下载软件，供参考使用。

迅雷(Thunder)主要功能如下。

(1)使用的下载技术：自动 UPnP 映射。

(2)支持的网络协议：HTTP://，FTP://，mms://，RTSP://，thunder://，ed2k://，.torrent。

(3)不支持的网络协议：Flashget：//。

(4)支持的功能：下载 Flash 共享任务、资源搜索、资源推荐。

(5)不支持功能：迅雷 5.9 以前版本不支持边下载边播放。

(6)安全性：非绿色软件(必须安装才能用)、经常弹出广告窗口、不能查插件、能查毒。

比特彗星(BitComet)主要功能如下。

(1)使用的下载技术：DHT 网络搜索、内网互联、自动 UPnP 映射。

(2)支持的网络协议：HTTP：//，FTP：//，ed2k：//，.torrent 。

(3)不支持的网络协议：Flashget：//，thunder：//，RTSP：// 。

(4)支持的功能：共享任务(种子市场)、边下载边播放、多 Tracker 搜索、资源推荐。

(5)不支持的功能：下载 Flash。

(6)安全性：安装包带 IE 插件(默认乱改系统 IE)、能免安装使用。

(7)多语言支持，国际通用。

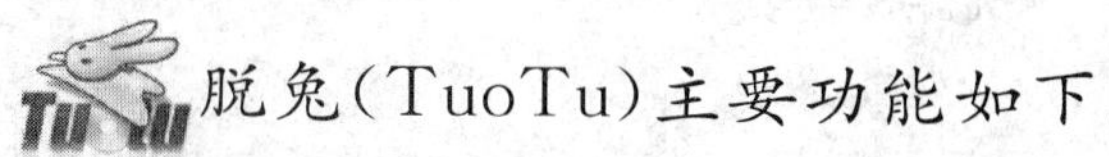

脱兔(TuoTu)主要功能如下。

(1)使用的下载技术：DHT 网络搜索、多 Tracker 搜索、内网互联、自动 UPnP 映射。

(2)跨协议下载，支持：ed2k：//，.torrent，不支持：Flashget：//，thunder：//，HTTP：//，FTP：//，mms：//，RTSP：//。

(3) 支持的网络协议：HTTP://，FTP://，mms://，RTSP://，ed2k://，.torrent，Flashget://，thunder://。

(4)不支持的网络协议：暂无。

(5)支持的功能：共享任务、任务排序、资源搜索。

(6)不支持的功能：边下载边播放，同资源聊天，下载Flash，资源推荐。

(7)安全性、稳定性：绿色软件，查插件，查毒，无广告。

网际快车(Flashget)主要功能如下。

(1) 支持协议：HTTP，FTP，BT，MMS，RTSP 等多种协议 One Touch 技术优化 BT 下载。

(2)绿色免费 无捆绑恶意插件，简单安装，快速上手，界面比较友好，支持各种资源格式。

(3)全球使用率较高官方翻译：速度限制快车(FlashGet)http：//www.flashget.com/。

(4)中国部分下载服务器采用快车协议下载，迅雷等其他软件无法盗链。

5.7 进阶练习——百度地图的使用

电子地图已经成为人们查询地理位置的重要工具。对我们而言，电子地图可以更简单地查询到更小的地点，可以找到最近最方便的乘车路线。在我国的城市，电子地图的认知度和使用率正在飞速递增，随着用户量不断增加，纸质地图逐渐被电子地图取代。在大中型城市，电子地图已经成为绝大多数用户出行前首选的参照工具和查询途径。本节我们将学习使用百度提供的电子地图，方便我们出行。

读书笔记

知识讲解

在百度地图中，给我们提供了三种查询方式：地理位置查询、公交换乘及驾车出行。地理位置查询中，我们只要输入要查询的地理位置名称，就可在地图上看到查询的地点，以及周边的设施。在公交换乘和驾车出行中，我们可以通过输入起点和终点，确定公交换乘的方法或者行车路线。下面我们通过任务来进行学习。

学习园地

任务 1 使用百度地图查找天安门

步骤 1. 登录百度网首页（www. baidu. com），单击“地图”，显示内容如图 5-41 所示。

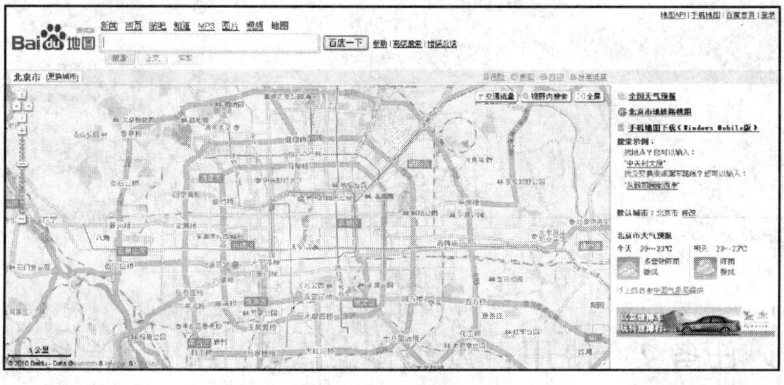

图 5-41 百度地图

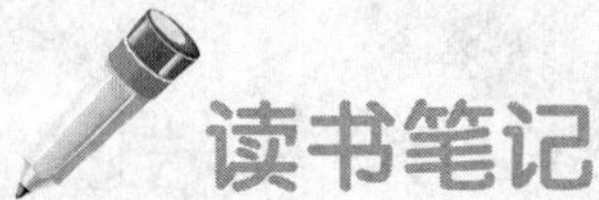

步骤 2. 在文本框中输入“天安门”，单击“百度一下”按钮，显示如图 5-42 所示。

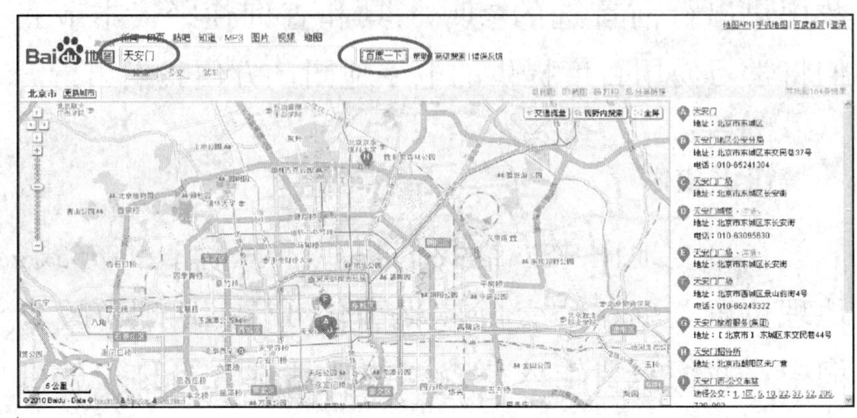

图 5-42　百度地图—查找“天安门”

步骤 3. 使用鼠标滚轮向前或向后滚动可以放大或缩小地图，查看天安门周边设施。其中有红色标记并带有字母的，在窗口右侧有具体位置的名称及相关链接，放大后的地图如图 5-43 所示。

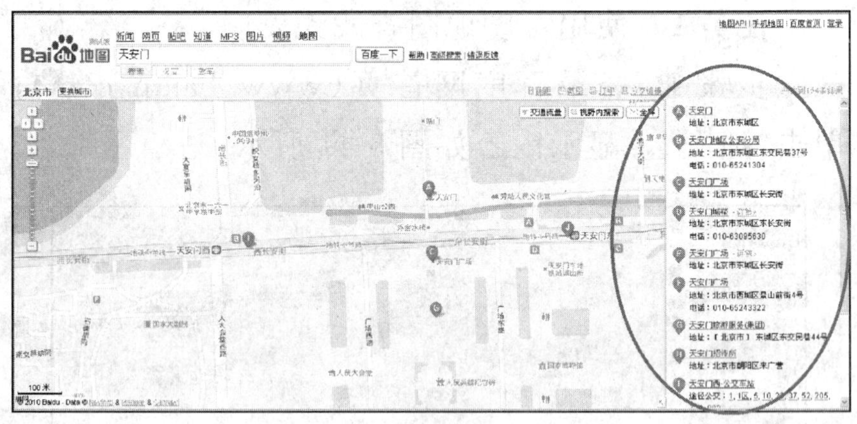

图 5-43　百度地图—“天安门”

任务 2　使用百度地图查看天安门至紫竹院的公交换乘方式

步骤 1. 登录百度网首页（www. baidu. com），

单击“地图”。

读书笔记

步骤 2. 在页面中选择“公交”并在起点文本框中输入“天安门”，终点文本框输入“紫竹院”，如图 5-44所示。

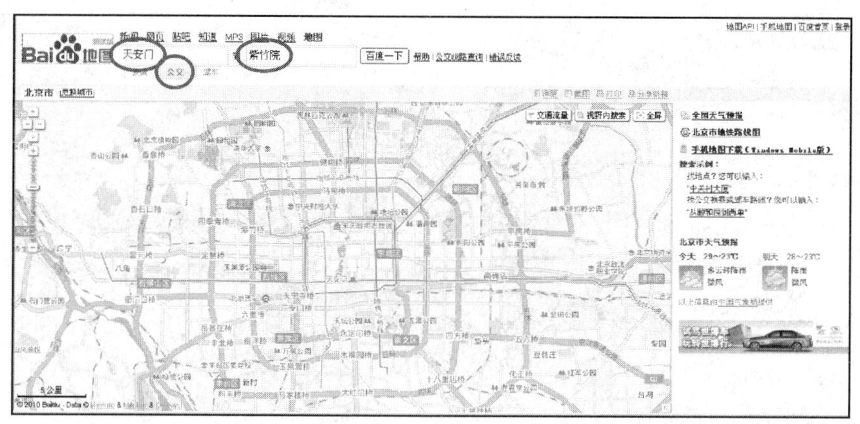

图 5-44　百度地图—“天安门”至“紫竹院”公交换乘

步骤 3. 单击“百度一下”按钮，即可按要求显示公交线路选择，如图 5-45 所示。在地图中蓝色线代表当前公交换乘的路线，右侧有换乘方式选择及不同线路选择，选择不同线路，蓝色线条会有相应变化。

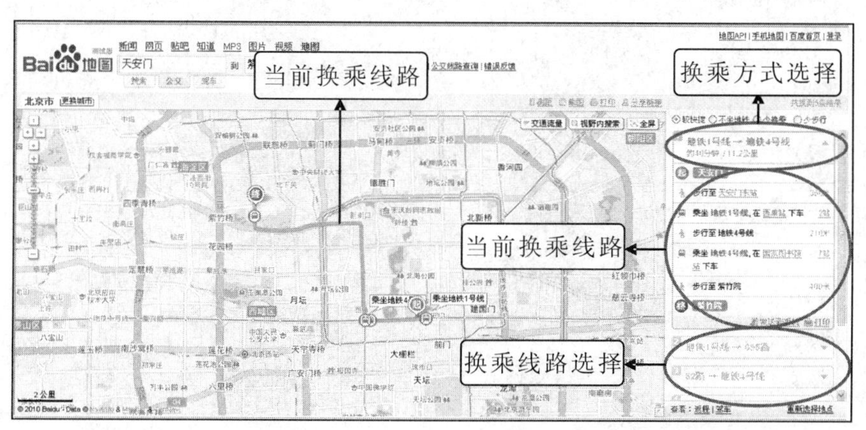

图 5-45　百度地图—“天安门”至“紫竹院”公交换乘

读书笔记

练一练

活动 使用百度地图查看天安门至紫竹院的驾车路线。

第 6 章　网上生活娱乐多

读书笔记

学习重点

1. 网上听音乐。
2. 网上看电影。
3. 网上聊天。
4. 网上玩游戏。
5. 网上收发电子邮件。

6.1　网上听音乐

现在网上常见的音频文件格式有 MIDI、MP3、RM、WMA 几种，在网上听音乐的方式也有很多，大致可以分为三类：使用音乐软件边下载边欣赏(如酷狗、酷我音乐盒、QQ 音乐等)；MP3 搜索引擎里试听(如百度 MP3、搜狗音乐、狗狗音乐)；在线听歌网站(好听音乐网、一听音乐网 、QQ163)。其中在 MP3 搜索引擎里试听在 5.3 节中已经进行介绍过。本节我们将学习如何在在线听歌网站听音乐。

6.1.1　在线听音乐

知识讲解

通过登录听歌网站在线听音乐的好处如下。

(1)收录的每张专辑都有专辑介绍及 CD 封面图片。

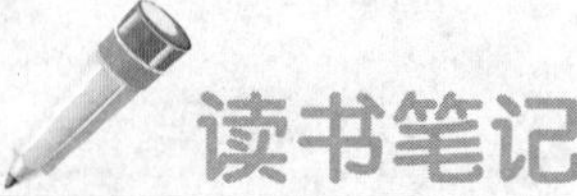

(2)注册并登录后有音乐收藏功能，方便整理自己喜欢的专辑和歌曲。

(3)音乐播放界面有曲目列表及歌词显示。

(4)完全免费。

(5)不用下载，节省硬盘空间。

因此，通过登录在线听歌网站进行在线听音乐是不错的选择。

任务　登录好听音乐网——在线听音乐

步骤 1. 使用 IE 浏览器登录好听音乐网(www.haoting.com)，如图 6-1 所示。

图 6-1　好听音乐网

可以通过以下两种方式在线听音乐。

(1)单击页面上的链接直接听取音乐(这是最简单的方法)。

(2)在搜索文本框中直接搜索歌曲名称、歌曲类型、歌手名字等歌曲信息进行搜索后再听。

下面以第 2 种方法示范介绍。

步骤 2. 在搜索文本框中输入“流行”，并单击搜索按钮进行搜索，搜索结果如图 6-2 所示。

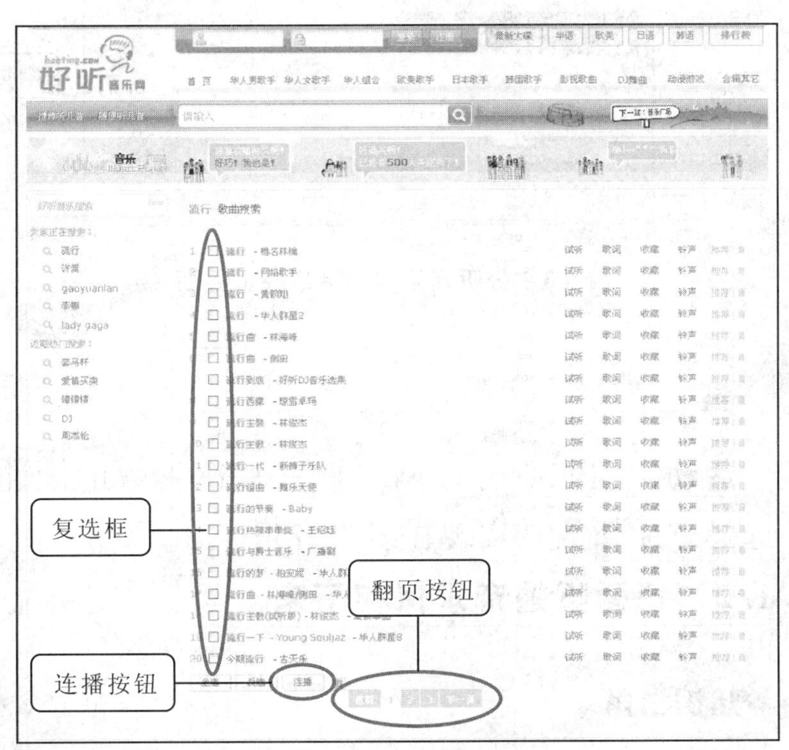

图 6-2　好听音乐网—搜索“流行音乐”

步骤 3. 在搜索结果中，查找自己想听的音乐，并在歌曲前面的复选框中单击选中，可以通过翻页按钮查看更多搜索结果，选歌完成后，单击“连播”按钮，进入在线音乐播放界面，如图 6-3 所示。

步骤 4. 使用播放控制按钮可以实现歌曲播放、停止、上一首、下一首功能，曲目列表中显示了所有选中的歌曲，歌词会随着歌曲的进行滚动显示。

读书笔记

读书笔记

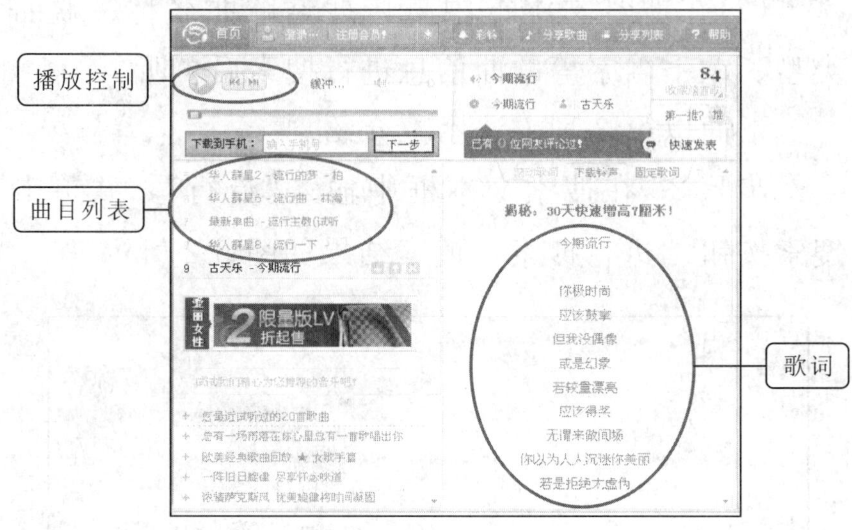

图 6-3　好听音乐网—音乐播放界面

试一试

活动　在好听音乐网中搜索自己喜欢的歌曲，并选择歌曲播放，实现在线听音乐。

6.1.2　把爱听的音乐保存下来

知识讲解

有时我们希望将自己喜欢的音乐下载到计算机中，方便我们随时欣赏，这就需要我们将音乐下载下来。但是在下载的过程中我们要注意，一定要从可靠的网站进行下载，以保证音乐下载的成功及计算机病毒的防控。本节我们将学习如何从百度网站中下载 MP3 格式音乐。

学习园地

任务　百度网站下载音乐

步骤 1. 使用 IE 浏览器登录百度 MP3 搜索页面，在搜索文本框中输入歌曲名称“南泥湾”，并选择歌曲类型为“MP3”，如图 6-4 所示。

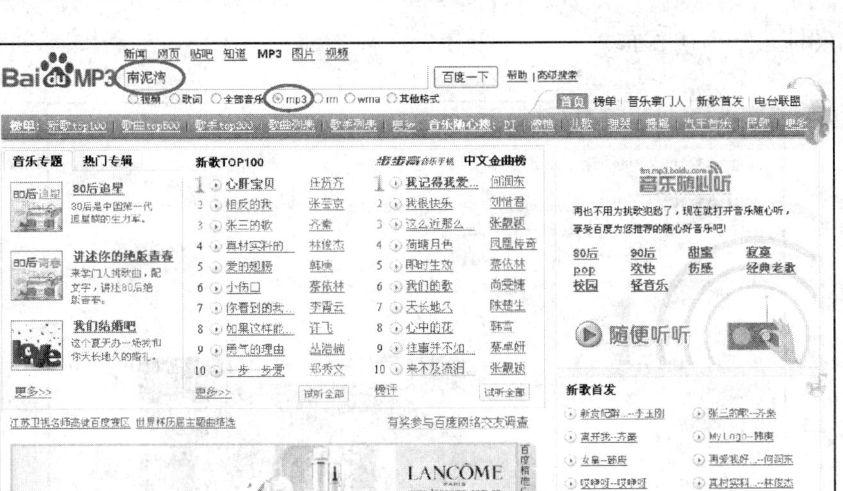

图 6-4 百度 MP3 搜索页面

步骤 2. 单击“百度一下”按钮，搜索结果如图 6-5所示。

新闻 网页 贴吧 知道 MP3 图片 视频

Baidu MP3 南泥湾 百度一下 歌词搜索 帮助 | 高级搜索

○视频 ○歌词 ○全部音乐 ⊙mp3 ○rm ○wma ○其他格式

把百度设为首页

2010年房价涨房租不涨 忍痛转让泰迪熊狗狗 58黄页帮你轻松找保洁 上58同城找本地生活信息 不花钱也能招到好员工 法国医学护肤品牌薇姿 上海通用与您分享世博攻略 买二手车，做有车族

以下内容系自动搜索的结果,排列及分类仅为方便使用,百度与内容的出处无关。使用前,请参阅权利声明。

	歌曲名	歌手名	专辑名	试听	歌词	铃声	大小	格式	链接速度
1	南泥湾	郭兰英	民歌经典	试听	歌词		1.5 M	mp3	
2	南泥湾	郭兰英	民歌经典	试听	歌词		2.9 M	mp3	
3	南泥湾	郭兰英	民歌经典	试听	歌词		2.1 M	mp3	
4	南泥湾	郭兰英	民歌经典	试听	歌词		1.8 M	mp3	
5	南泥湾	郭兰英	民歌经典	试听	歌词		2.1 M	mp3	
6	南泥湾	郭兰英	民歌经典	试听	歌词		2.1 M	mp3	
7	南泥湾	郭兰英	民歌经典	试听	歌词		2.1 M	mp3	
8	南泥湾	郭兰英	民歌经典	试听	歌词		2.1 M	mp3	
9	南泥湾	郭兰英	民歌经典	试听	歌词		2.1 M	mp3	

图 6-5 百度 MP3 搜索结果页面

读书笔记

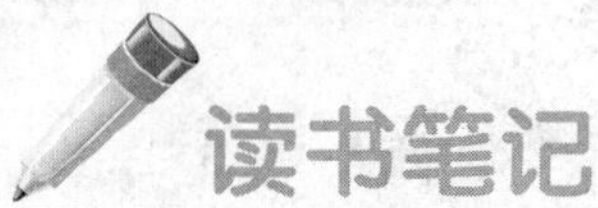

步骤 3. 在搜索结果页面中，会有很多相同的歌曲，单击第 1 个歌曲名称，弹出链接页面，右击"请单击此链接"后面的地址，选择"目标另存为"，如图 6-6 所示。

图 6-6　保存 MP3 音乐

步骤 4. 在打开的"另存为"对话框中设置保存歌曲的名称及存储位置，保存歌曲，如图 6-7 所示。

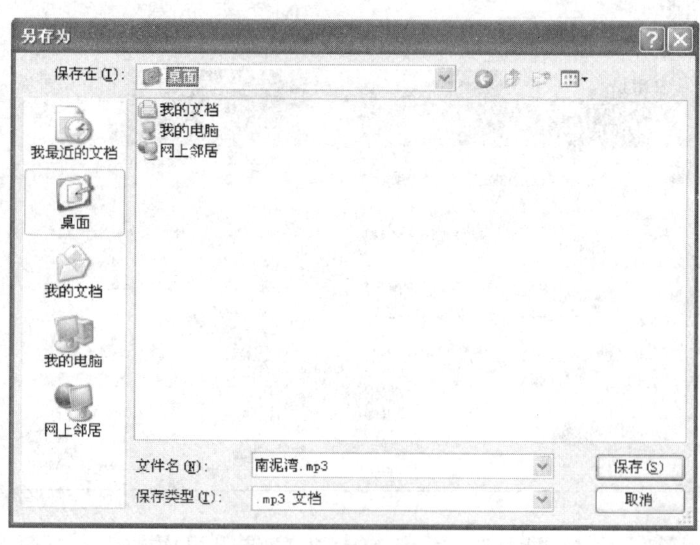

图 6-7　"另存为"对话框

读书笔记

试一试

活动　请尝试下载自己喜欢的歌曲，下载后欣赏一下。

6.2　网上看电影

网上看电影是当前最为流行的网上生活之一，它不仅以丰富的影片资源吸引着我们，足不出户的便捷性更是它的重要特点，随着技术的不断发展，现在甚至可以看到部分直播节目。当前最为流行的在线观看电影的网站有优酷网、土豆网等。本节我们将在优酷网上学习如何在网上看电影。

知识讲解

一个好的在线看电影的网站可以为我们提供清晰的电影、稳定的速度，以保证我们在线看电影的画面品质以及播放的流畅性。优酷网站就是当前较为优秀的在线看电影的网站之一。

学习园地

任务　登录优酷网——在线看电影

步骤 1. 使用 IE 浏览器登录优酷网(www. youku. com)，在影片搜索文本框中输入影片名称“叶问”，单击“搜索”按钮，如图 6-8 所示。

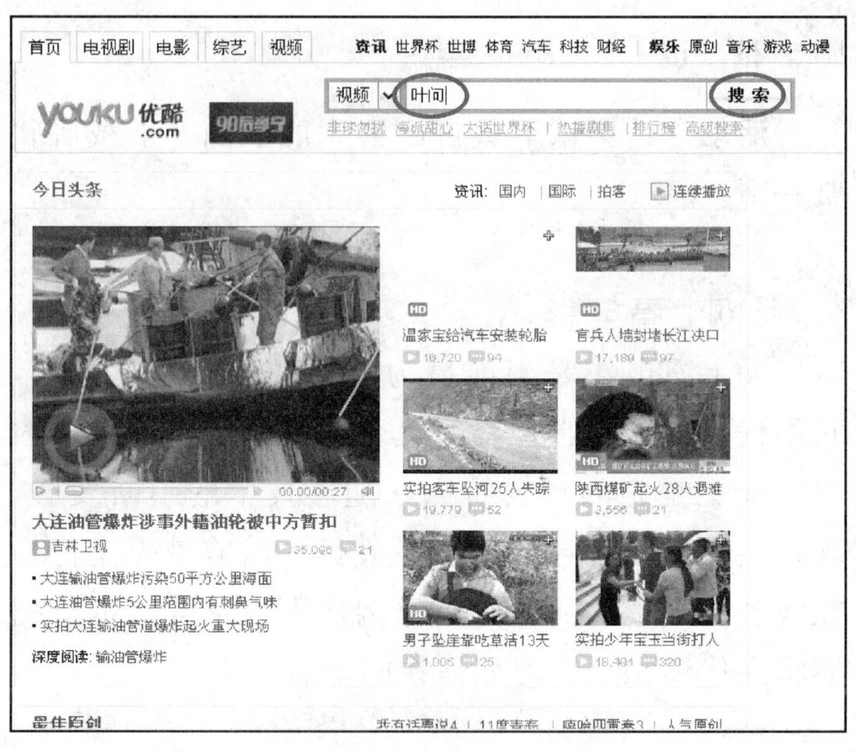

图 6-8　优酷网

步骤 2. 在搜索的结果中，我们可以看到两个标有"正片"的影片，分别是《叶问》和《叶问 2》，这两部影片质量最好，有些时候，可能我们搜索的影片没有正片，这就需要我们在下面的链接中，找到合适的影片进行播放了，关键是找到播放时间完整的影片链接。本任务中以《叶问》为例，单击《叶问》正片，如图 6-9 所示。

步骤 3. 在影片介绍页面中，单击播放按钮。如图 6-10 所示。

读书笔记

图 6-9　优酷网《叶问》搜索结果

图 6-10　优酷网《叶问》影片介绍

步骤 4. 此时就可以观看影片了。在观看的过程中，双击播放窗口可以实现全屏播放，再次双击可以恢复；单击播放窗口可以暂停/播放影片，如图 6-11 所示。

图 6-11　优酷网《叶问》影片播放页面

活动　在优酷网中搜索自己喜欢的视频进行观看。

知识扩展

目前在线观看的电影一般有几种格式，如 rm，asf 等。想要观看 rm 等格式的电影，你应该先安装 RealPlayer 播放器，而要观看 asf 等格式的电影，你应该安装 Windows Media Player（一般 Windows XP 自带），这两种软件在网上都可以下载安装。

读书笔记

6.3 进阶练习——RealPlayer 的安装

RealPlayer 是网上收听收看实时音频、视频和 Flash 的最佳工具，可以让我们享受更丰富的多媒体体验。RealPlayer 是一个在 Internet 上通过“流技术”实现音频和视频的实时传输的在线工具软件，使用它不必下载音频/视频内容，只要线路允许，就能完全实现网络在线播放，极为方便地在网上查找和收听、收看自己感兴趣的广播、电视节目。

知识讲解

流媒体是指采用流式传输的方式在 Internet 上播放的媒体文件，如音频、视频或多媒体文件。这种流式的传输方式是将多媒体文件经过特殊的压缩方式分成一个个压缩包，由视频服务器向用户计算机连续、实时传送，让用户一边下载一边收听、观看。RealPlayer 软件可以很好地完成流媒体的播放工作。

学习园地

任务 RealPlayer 的安装

步骤 1. 双击安装文件（此安装文件的下载方法，在 5.6.1 已经进行了介绍），待进度条完成后，弹出 RealPlayer 安装对话框，针对“用户许可协议”，单击“接受”按钮，如图 6-12 所示。

步骤 2. 选择软件安装位置，并单击“下一步”按钮，如图 6-13 所示。

读书笔记

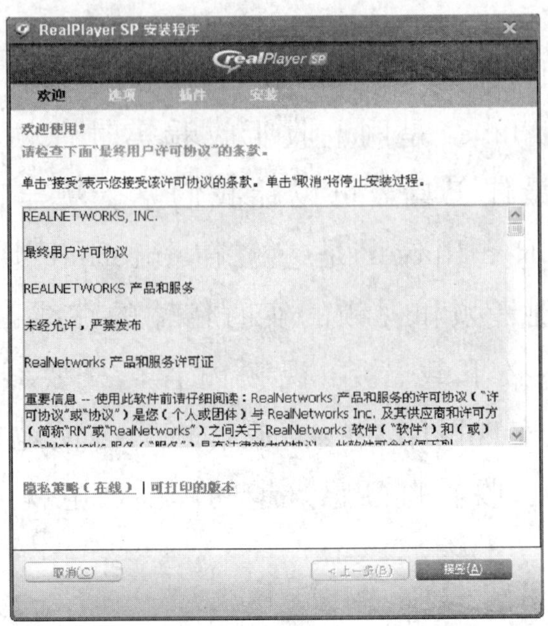

图 6-12　RealPlayer 安装步骤(一)

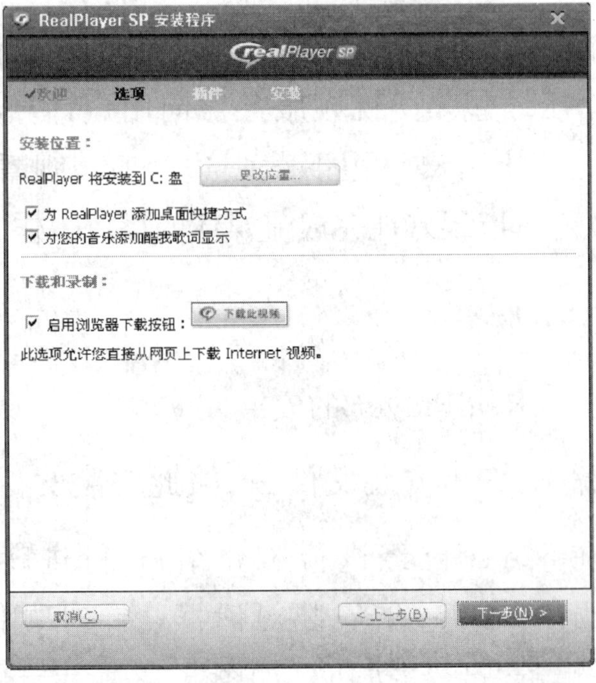

图 6-13　RealPlayer 安装步骤(二)

读书笔记

步骤 3. 安装 google 插件，单击“下一步”按钮，如图 6-14 所示。

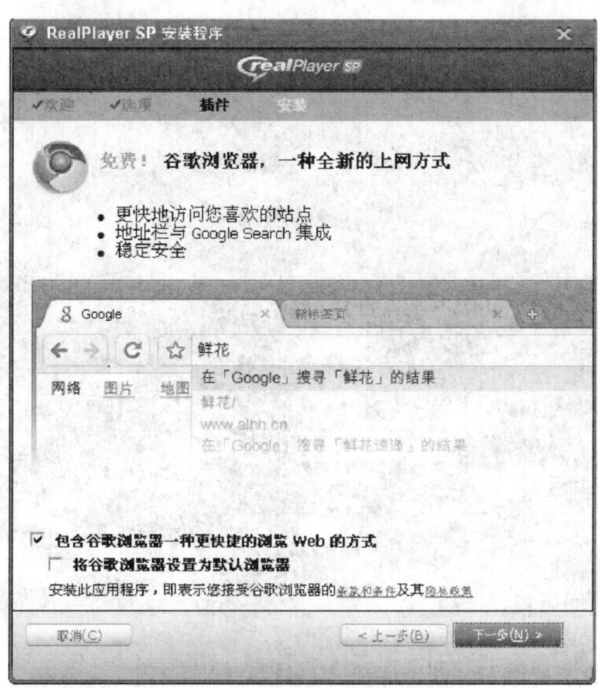

图 6-14　RealPlayer 安装步骤(三)

步骤 4. 进入文件安装界面，如图 6-15 所示。

图 6-15　RealPlayer 安装步骤(四)

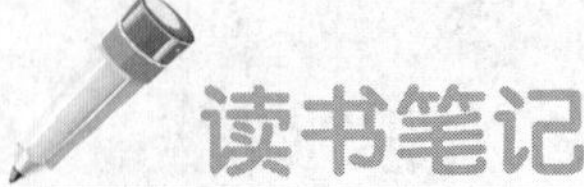

步骤 5. 安装完成后，我们就可以在以后播放多媒体文件的时候，使用 RealPlayer 了，如图 6-16 所示。

图 6-16　RealPlayer 界面

试一试

活动　尝试下载、安装 RealPlayer 软件，并播放在线多媒体文件。

6.4　网上聊天

在网络时代里，所谓聊天可分两种。一种是现实生活中的人际交往；另一种是网上聊天。过去网上聊天只有文字聊天，比较单调，现在已有语音聊天和视频聊天，尤其是聊天双方距离比较远时，在方便、快捷的同时，更加经济、实惠。

6.4.1 QQ 在线安装

读书笔记

知识讲解

QQ 是深圳市腾讯计算机系统有限公司开发的一款基于 Internet 的即时通信(IM)软件。腾讯 QQ 支持在线聊天、视频电话、点对点断点续传文件、共享文件、网络硬盘、自定义面板、QQ 邮箱等多种功能。并可与移动通信终端等多种通信方式相连。1999 年 2 月，腾讯正式推出第一个即时通信软件——“腾讯 QQ”，QQ 用户由 1999 年的 2 人已经发展到现在的上亿用户了。它是目前使用最广泛的聊天软件之一。

学习园地

任务 QQ 在线安装

步骤 1. 使用 IE 浏览器登录 QQ 官方网站，网址是：http://im.qq.com/qq/2010/standard/，在网站上单击“在线安装”，下载在线安装文件，如图 6-17 所示。

步骤 2. 双击已下载的在线安装文件，进入安装界面，如图 6-18 所示。

图 6-17 QQ 官方网站

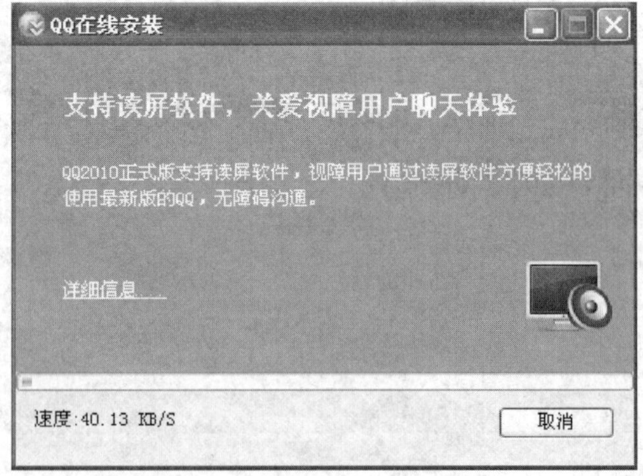

图 6-18 QQ 在线安装(一)

读书笔记

步骤 3. 下载完成后，在安装界面单击选择“我已阅读并同意软件许可协议和青少年上网安全指引”复选框，并单击“下一步”按钮，如图 6-19 所示。

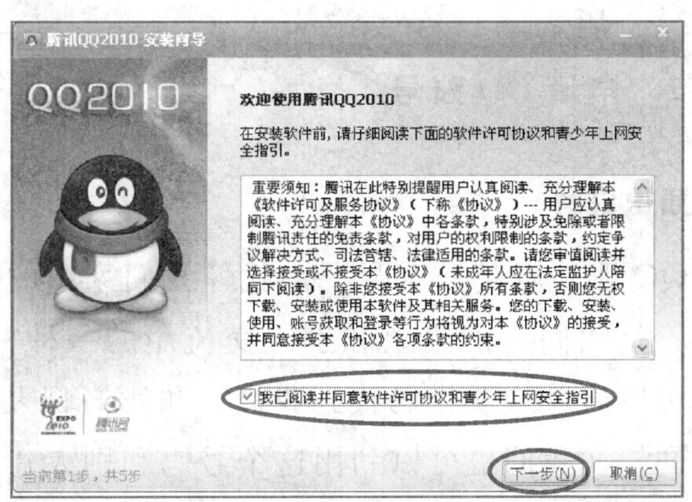

图 6-19　QQ 在线安装(二)

步骤 4. 后面的步骤中的设置直接默认，不必修改，单击“下一步”按钮即可完成，在此不再赘述。完成后如图 6-20 所示，单击“完成”按钮，结束安装并运行 QQ 程序。

图 6-20　QQ 在线安装(三)

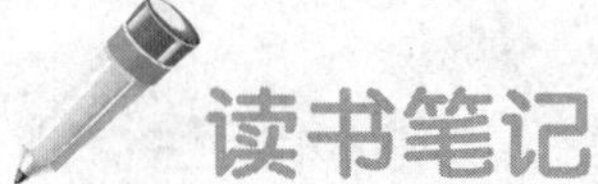

活动　请您参照本节学习内容，下载并安装 QQ 2010 版。

6.4.2　申请 QQ 账号

知识讲解

QQ 账号就是一个号码。就像我们家中的电话一样，是我们在网络上和别人交流用的一种标识。别人可以通过这个号码找到我们，和我们聊天、交流。同样，我们也可以利用这个号码和别人建立联系。因此在使用 QQ 进行网上聊天的时候，必须在建立自己的 QQ 账号的基础上进行。本节中我们将学习如何申请 QQ 账号。

学习园地

任务　申请 QQ 账号

步骤 1. 启动 QQ 程序，打开 QQ 登录界面，如图 6-21 所示。

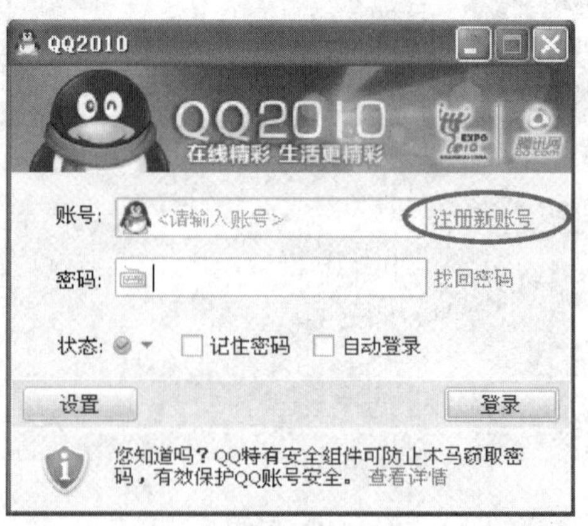

图 6-21　申请 QQ 账号(一)

读书笔记

步骤 2. 单击“注册新账号”，在打开的网页中，选择网页免费申请并单击“立即申请”按钮，如图 6-22所示。

图 6-22 申请 QQ 账号(二)

步骤 3. 在页面中，选择第一项“QQ 号码”，如图 6-23 所示。

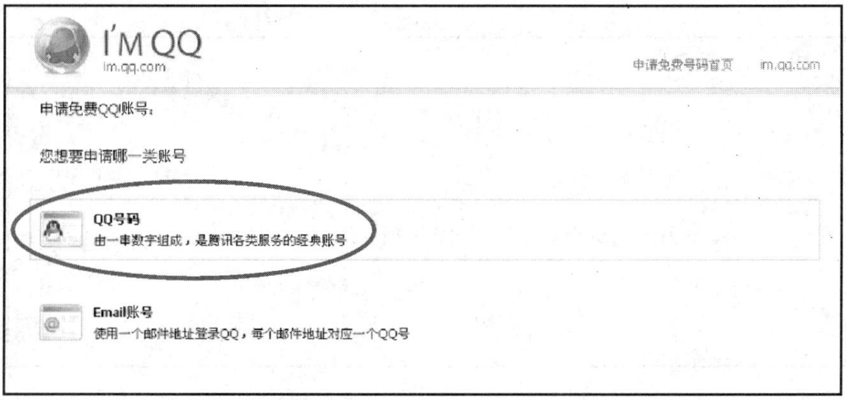

I'M QQ
im.qq.com
申请免费号码首页 im.qq.com
申请免费QQ账号：
您想要申请哪一类账号
QQ号码
由一串数字组成，是腾讯各类服务的经典账号
Email账号
使用一个邮件地址登录QQ，每个邮件地址对应一个QQ号

图 6-23 申请 QQ 账号(三)

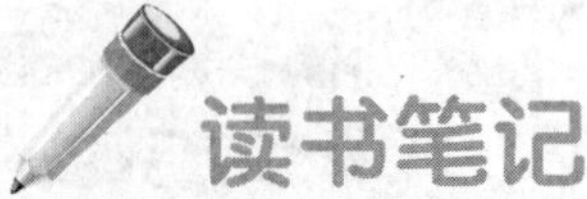

步骤 4. 根据页面内容，填写个人信息，填写完成后，单击“确定 并同意以下条款”按钮，如图 6-24 所示。

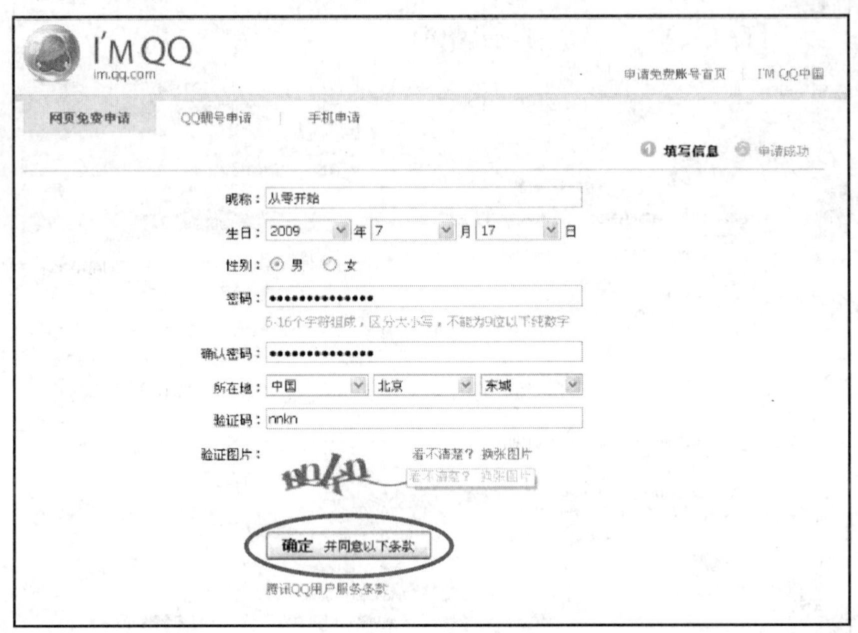

图 6-24　申请 QQ 账号(四)

步骤 5. 在打开的页面中，显示了已注册成功的 QQ 号码(注意保存)。注册成功，如图 6-25 所示。

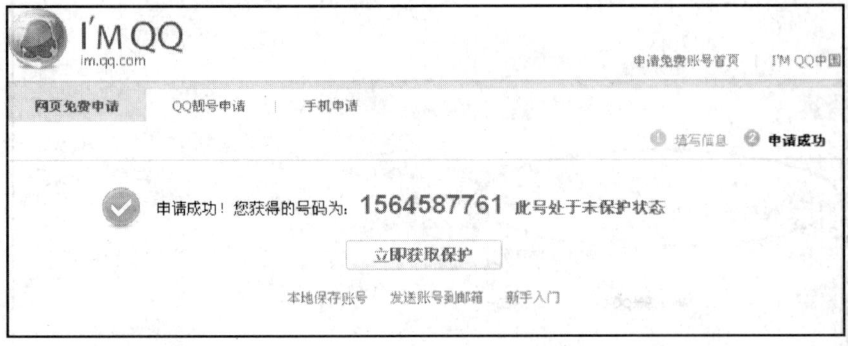

图 6-25　申请 QQ 账号(五)

读书笔记

试一试

活动 请尝试为自己申请一个 QQ 账号。

6.4.3 登录 QQ 账号

知识讲解

有了 QQ 账号后，我们就可以使用 QQ 软件登录自己的账号了，登录完成后，我们就处于在线状态了。好友可以看到我们在线，和我们聊天。我们也可以进行添加好友、收发文件等一系列操作了。

学习园地

任务 登录 QQ 账号

步骤 1. 打开 QQ 程序，在账号文本框输入图 6-25 中已注册的账号，并且在密码中输入设定的密码后，单击“登录”按钮，如图 6-26 所示。

图 6-26 登录 QQ 账号(一)

步骤 2. 登录后在任务栏中显示 QQ 图标表示已登录成功，并且可以看到 QQ 界面，如图 6-27 所示。

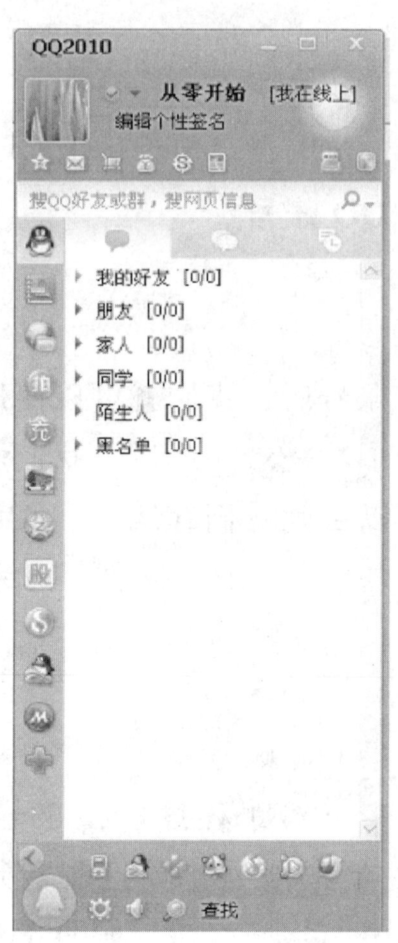

图 6-27　登录 QQ 账号(二)

活动　用自己已经注册的 QQ 账号进行登录。

6.4.4　添加好友

在使用 QQ 软件进行网上聊天的时候，需要先添加好友，添加好友后我们就可以和好友进行聊天等操作了。查找好友的方法很多。本节我们将学习通过 QQ 账号进行添加好友。

学习园地

任务 添加好友

步骤 1. 单击 QQ 界面中的“查找”按钮，如图 6-28所示。

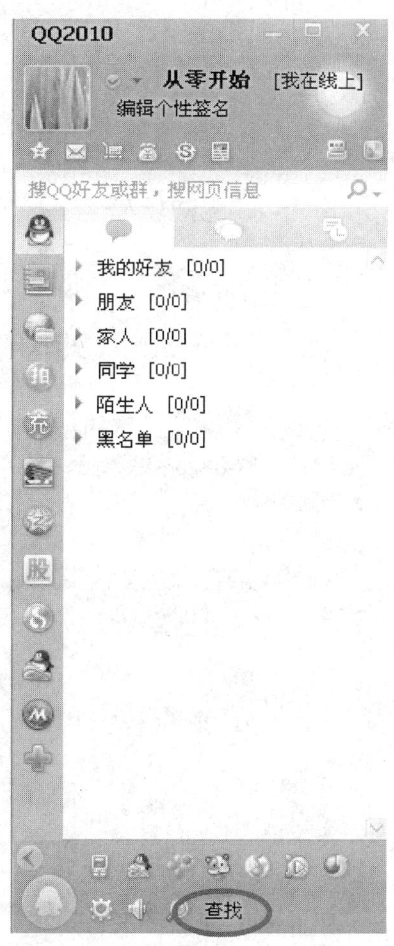

图 6-28 添加好友(一)

步骤 2. 在查找对话框的账号文本框中，输入好友的 QQ 账号，并单击“查找”按钮，如图 6-29 所示。

读书笔记

读书笔记

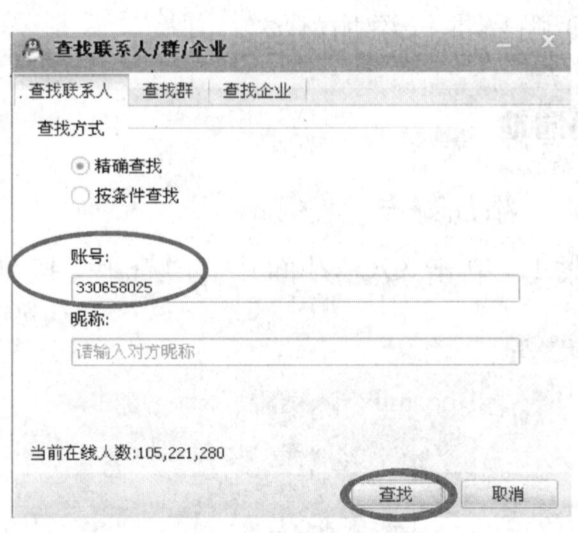

图 6-29　添加好友(二)

步骤 3. 查找到好友后，在弹出的对话框中选中好友，单击“添加好友”按钮，如图 6-30 所示。

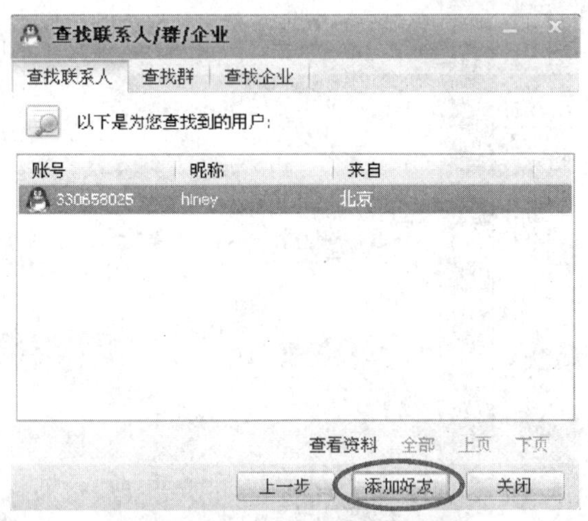

图 6-30　添加好友(三)

步骤 4. 在弹出的认证对话框中，告诉好友自己的身份，如图 6-31 所示。

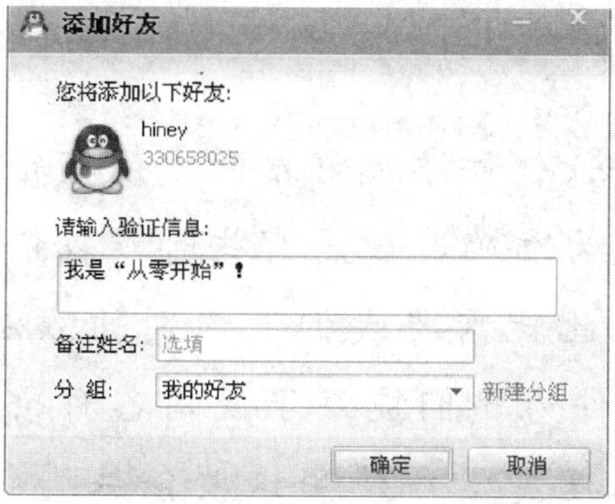

读书笔记

图 6-31　添加好友(四)

步骤 5. 等待对方确认后，在 QQ 界面“我的好友”中，便可以看到“好友”图标，表示添加好友成功，如图 6-32 所示。

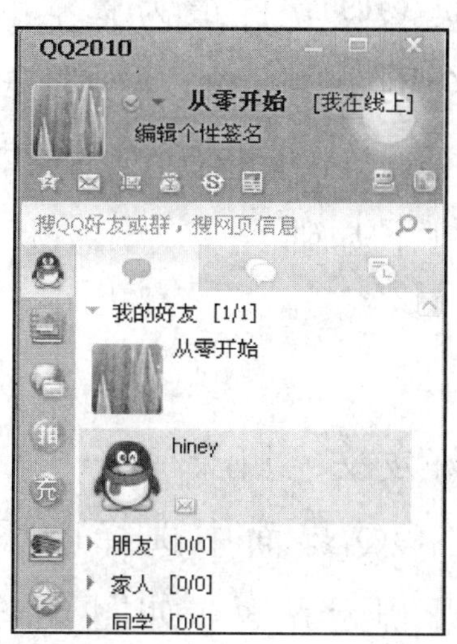

图 6-32　添加好友(五)

试一试

活动　使用 QQ 软件添加自己认识好友。

知识扩展

使用 QQ 软件添加好友的方法有很多种，使用账号查找最为准确，但是有些时候我们不知道对方的账号，因此就需要我们使用别的方法进行查找。QQ 查找软件为我们提供了使用各种条件查找好友的方式，合理灵活地使用这些条件进行好友查找，能够提升我们找到好友的概率。

6.4.5 与好友文字聊天

知识讲解

文字聊天是 QQ 软件最为基本的聊天方式，也是我们逐步学会网上聊天的开始阶段。在聊天的同时，我们要对 QQ 软件进行熟悉、提升操控技能，为今后的学习打下基础。

学习园地

任务 与好友文字聊天

步骤 1. 在 QQ 界面中选择已添加的好友，并双击鼠标，打开聊天界面，如图 6-33 所示。

步骤 2. 在文本编辑区中，输入聊天的内容，并单击“发送”按钮，完成一次发言，发言内容会显示在聊天记录显示区中，如图 6-34 所示。

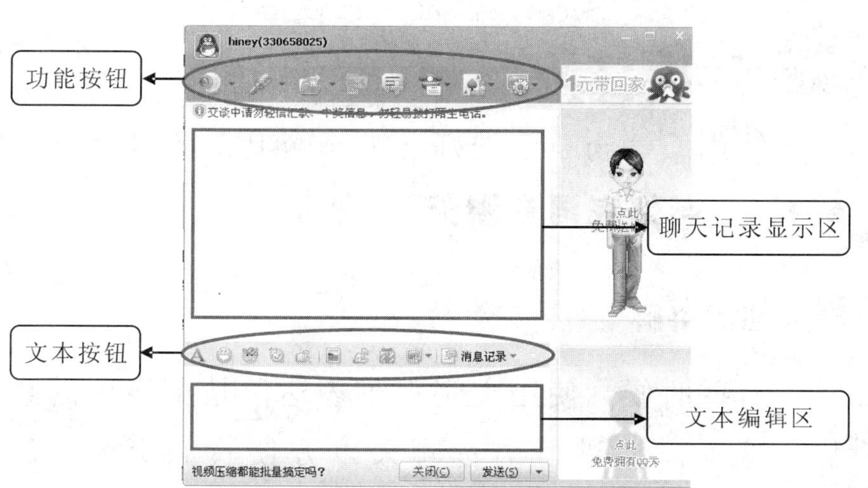

图 6-33　与好友文字聊天(一)

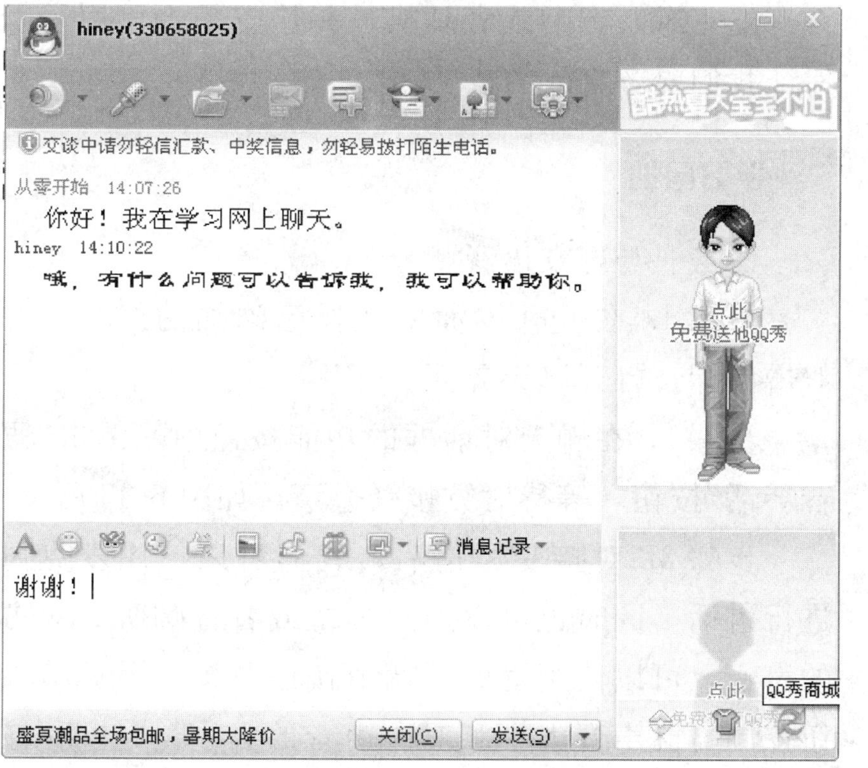

图 6-34　与好友文字聊天(二)

读书笔记

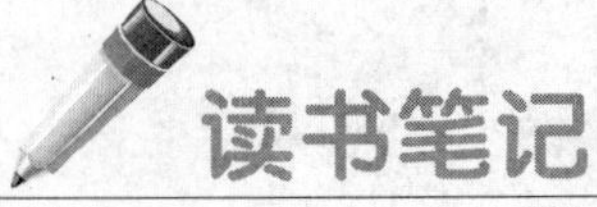

使用 QQ 与自己的好友进行网上文字聊天。

6.4.6 与好友语音聊天

知识讲解

有些时候，使用文字很难表达清楚要表示的意思，这就需要进行语音聊天以方便我们交流、沟通。QQ 软件为我们与好友提供了语音聊天的平台，但是在进行语音聊天前要确认自己使用的计算机是否有麦克风及音响或者耳机，并检查是否可用，以保证我们语音聊天的成功。

学习园地

任务 与好友语音聊天

步骤 1. 在 QQ 界面中选择已添加的好友，并双击鼠标，打开聊天界面。

步骤 2. 在聊天对话框的功能按钮中，单击“语音会话”按钮，等待对方接受邀请，如图 6-35 所示。

步骤 3. 对接受邀请后，我们可以使用麦克风进行讲话，同时也可以通过耳机或者音响听到对方的声音，可以使用麦克风调节按钮及扬声器调节按钮控制自己声音大小和对方声音的大小。“挂断”按钮，结束本次语音聊天。在语音聊天的同时，我们还可以进行文本聊天，如图 6-36 所示。

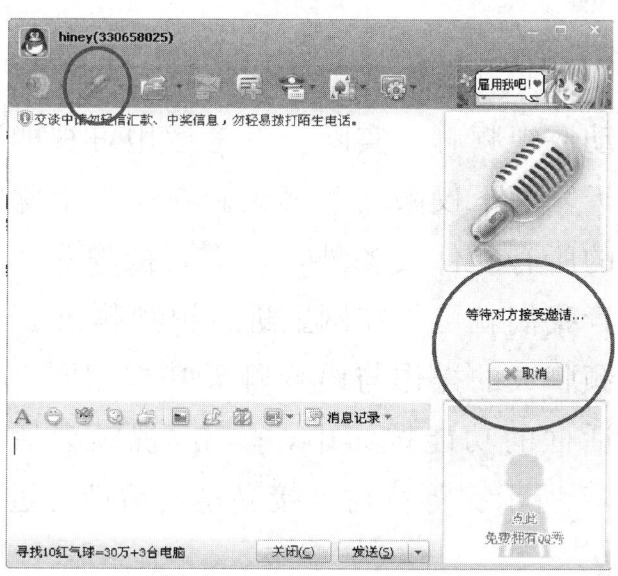

图 6-35 与好友语音聊天(一)

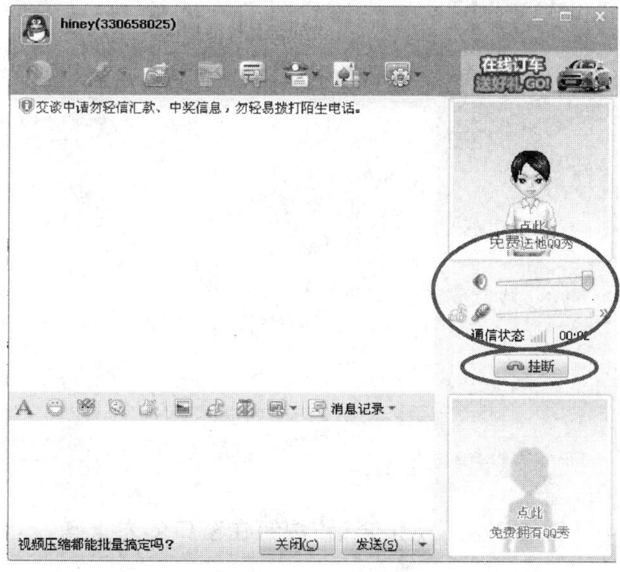

图 6-36 与好友语音聊天(二)

练一练

请尝试与好友进行语音聊天。

读书笔记

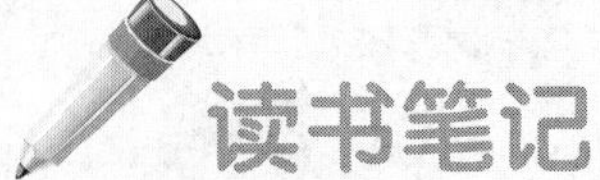

试一试

活动 视频聊天实际上就是运用可视的数码工具来聊天，而不仅限文字聊天。在操作上除需要语音聊天的所有硬件设备外，还需要摄像头。有了这些硬件，我们就可以在网上进行视频聊天了。

视频聊天的操作与语音聊天基本相同，只是在聊天对话框的功能按钮中，单击“视频会话”按钮，如图 6-37 所示。等待对方接受邀请后即可进行视频聊天。

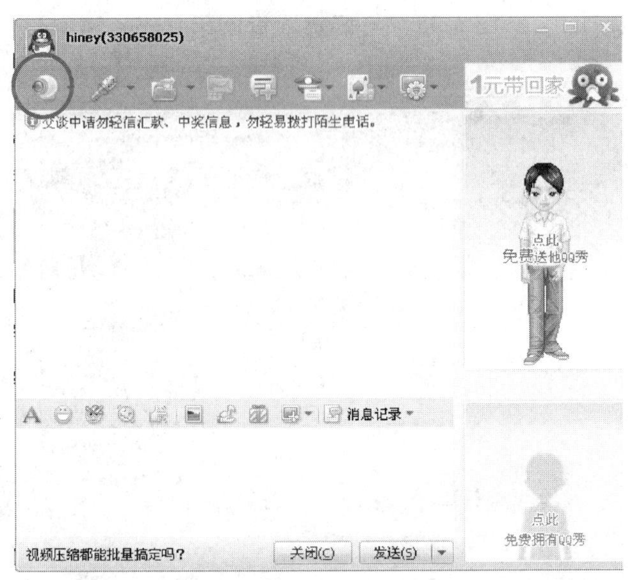

图 6-37 “视频会话”按钮在窗口的左上角

请尝试与好友进行视频聊天。

6.5 网上玩游戏

QQ 游戏指腾讯公司开发的游戏，用户群广泛。QQ 游戏分为两大类：一种是非 QQ 游戏平台下的网络游戏，如QQ飞行岛，QQ飞车，穿越火线等；另外一种则是基于QQ游戏平台下的大部分是以休闲游戏为主的游戏。本节我们将与网上成千上万的网友进行基于QQ游戏平台游戏。

读书笔记

6.5.1 登录QQ游戏大厅

知识讲解

在进行QQ网上游戏时，必须要安装QQ游戏平台。QQ对战平台是对Internet用户提供多人电脑游戏联机服务的，它可以让在互联网的游戏玩家轻松地通过Internet进行游戏。平台通过网络协议转换技术，将互联网上远隔千里的玩家紧紧的联系到一起，并且还提供给用户实时的交流与沟通。通过QQ对战平台的帮助，任何可以通过局域网的联机的游戏都可以在平台上通过局域网方式游戏，玩家很方便就可以和其他人共同游戏。安装QQ游戏平台的官方网址为（http：//game. qq. com/v20/products. htm＃qqgame），安装方法在此不再赘述。

学习园地

任务 登录QQ游戏大厅

步骤1. 打开QQ游戏平台，在登录界面中输入账号及密码，单击“登录”按钮，如图6-38所示。

步骤2. 登录成功后，进入QQ游戏平台界面，如图6-39所示。

读书笔记

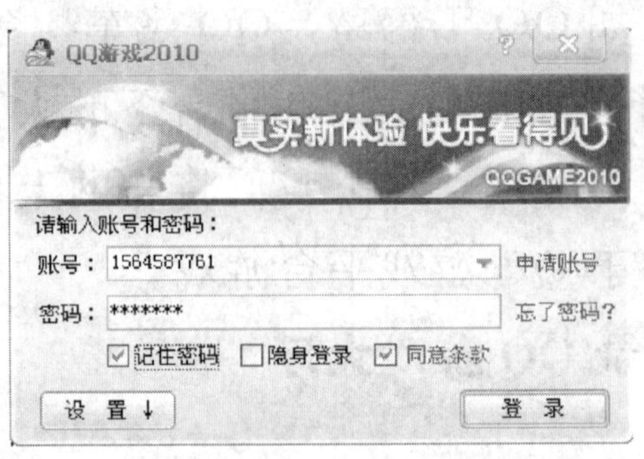

图 6-38　登录 QQ 游戏平台

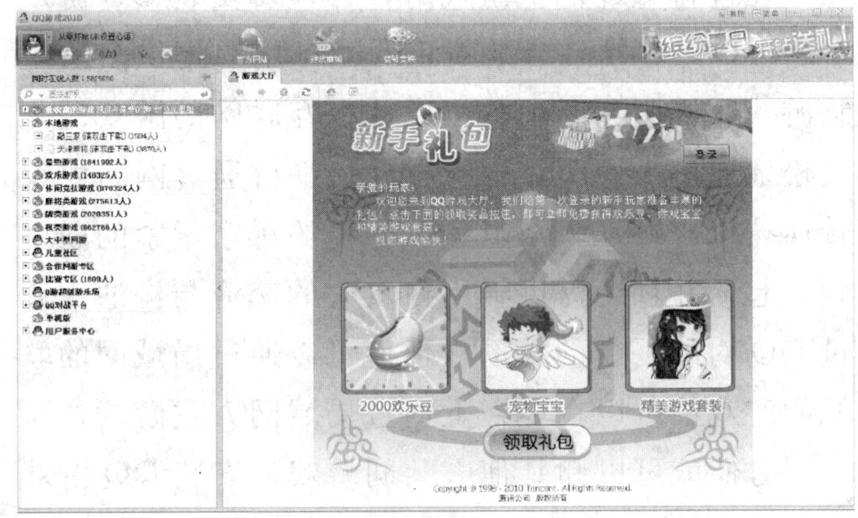

图 6-39　QQ 游戏平台

试一试

活动　使用自己已注册的 QQ 账号下载 QQ 游戏平台并登录。

6.5.2　下载 QQ 游戏

知识讲解

QQ 游戏平台给我们提供了互相游戏的平台，

读书笔记

当然在我们要进行某项游戏时，还需要安装该游戏，本节中我们以新中国象棋为例，下载并安装QQ 游戏。

学习园地

任务 下载 QQ 新中国象棋

步骤 1. 登录 QQ 游戏平台，在游戏列表中找到“新中国象棋”并双击，在弹出安装协议对话框中单击“确定”按钮，如图 6-40 所示。

图 6-40 QQ 游戏平台—安装新中国象棋

步骤 2. 游戏下载过程中显示“QQ 游戏更新”对话框，如图 6-41 所示。

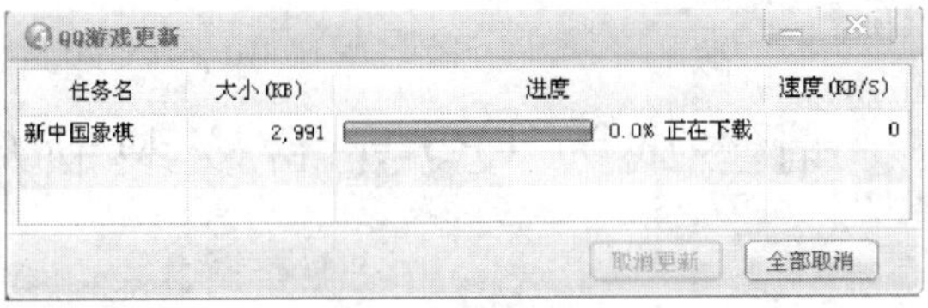

图 6-41 QQ 游戏平台—新中国象棋下载过程

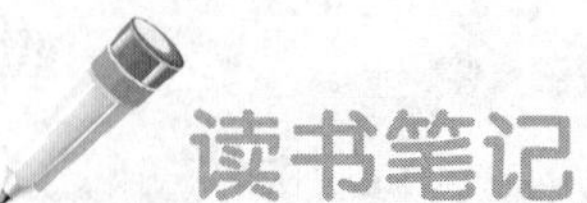

步骤 3. 待游戏下载完成后，显示如图 6-42 所示。

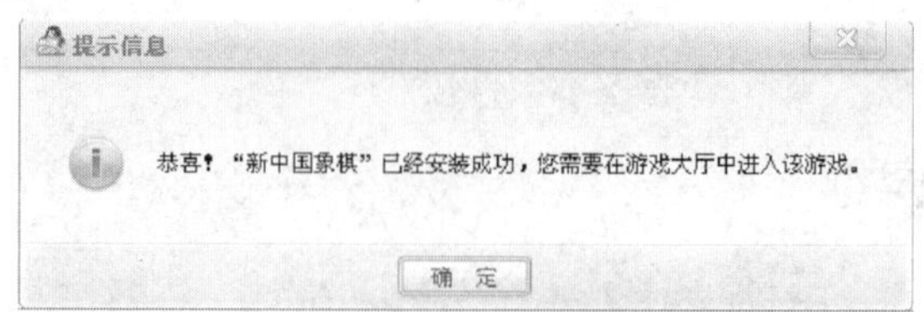

图 6-42　下载完成提示信息

步骤 4. 单击“确定”按钮，进入游戏界面，如图 6-43 所示。

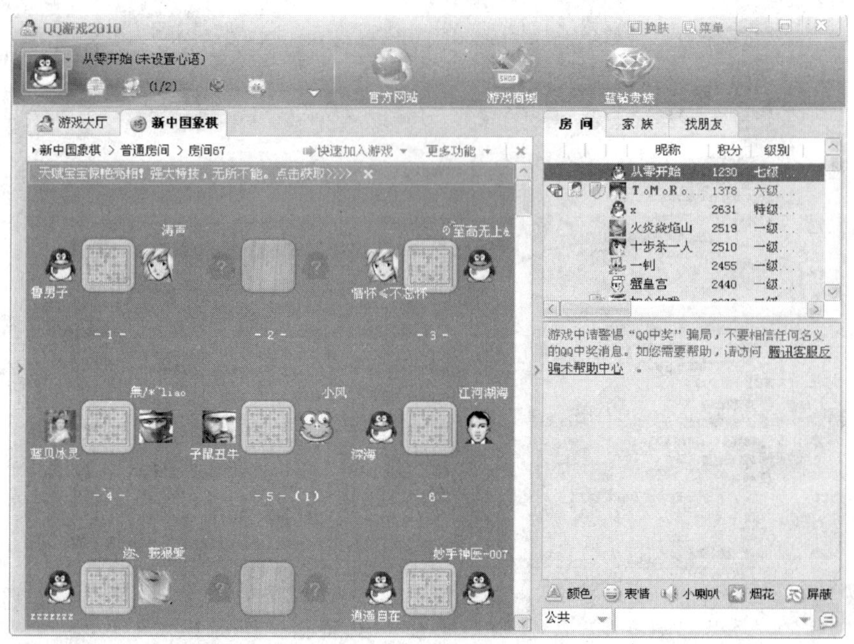

图 6-43　游戏界面

活动　请尝试为 QQ 平台安装新中国象棋游戏。

6.5.3 邀请好友下象棋

读书笔记

知识讲解

在进行 QQ 游戏的时候，我们不但可以和网上陌生人进行游戏，还可以邀请自己的好友进行游戏。这样不但可以足不出户的体验网络游戏的乐趣，还可和好友进行聊天交流。

学习园地

任务 邀请好友下象棋

步骤 1. 打开 QQ 游戏平台，并登录。

步骤 2. 在“新中国象棋”游戏中找到有空位的房间，双击进入，如图 6-44 所示。

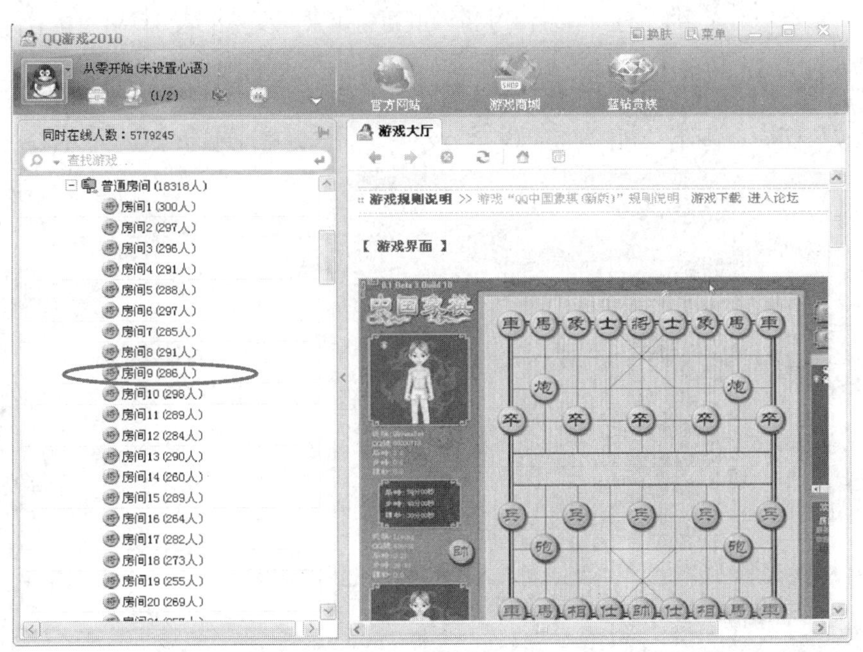

图 6-44 QQ 游戏—邀请好友下象棋(一)

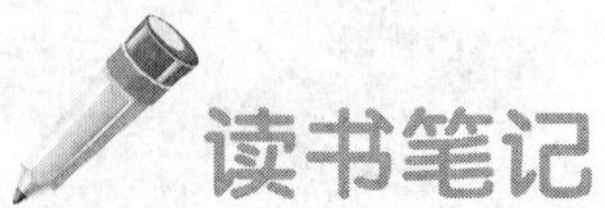

步骤 3. 进入房间后，单击“我的好友”按钮，如图 6-45 所示。

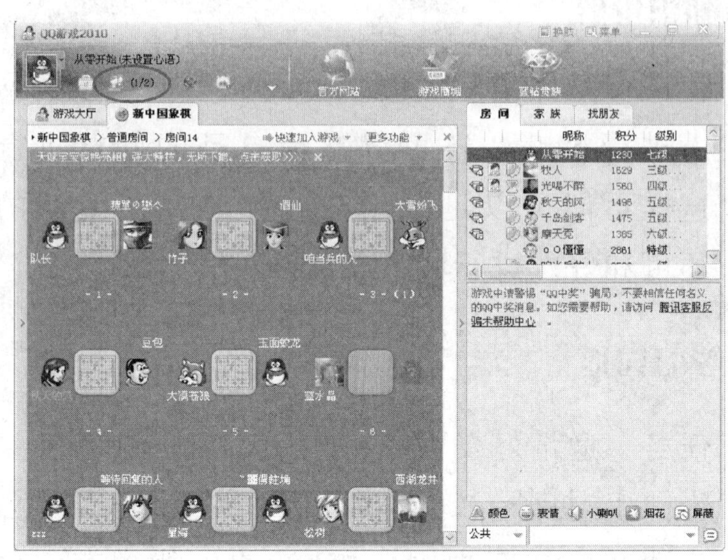

图 6-45　QQ 游戏—邀请好友下象棋(二)

步骤 4. 在弹出的添加游戏好友列表中，单击“从 QQ 好友中添加”，在我的好友中找到要添加的好友，单击“加为游戏好友”按钮，如图 6-46 所示。

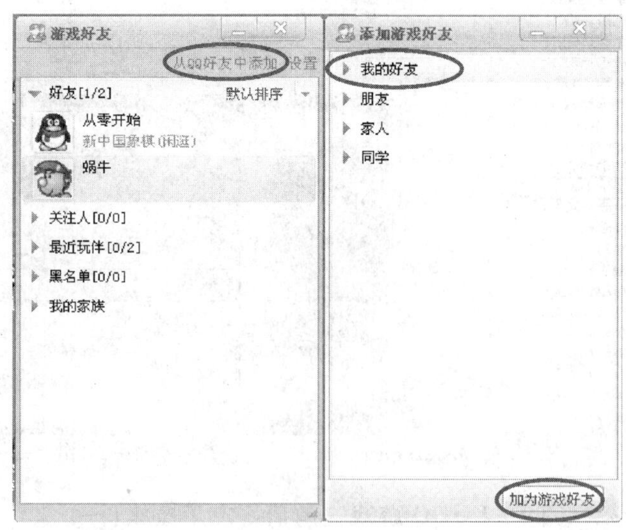

图 6-46　QQ 游戏—邀请好友下象棋(三)

读书笔记

步骤 5. 在添加完好友后，单击有空位的位置，进入游戏，如图 6-47 所示。

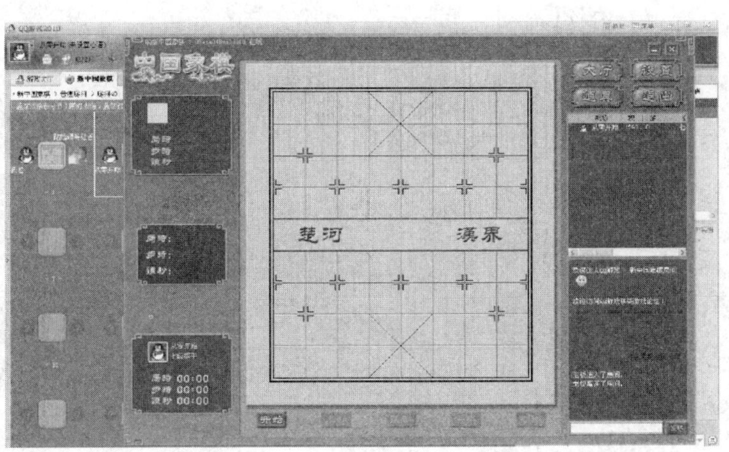

图 6-47　QQ 游戏—邀请好友下象棋(四)

步骤 6. 单击“我的好友”按钮，在列表框中找到要邀请游戏的好友，右击，选择“邀请”，如图 6-48所示。

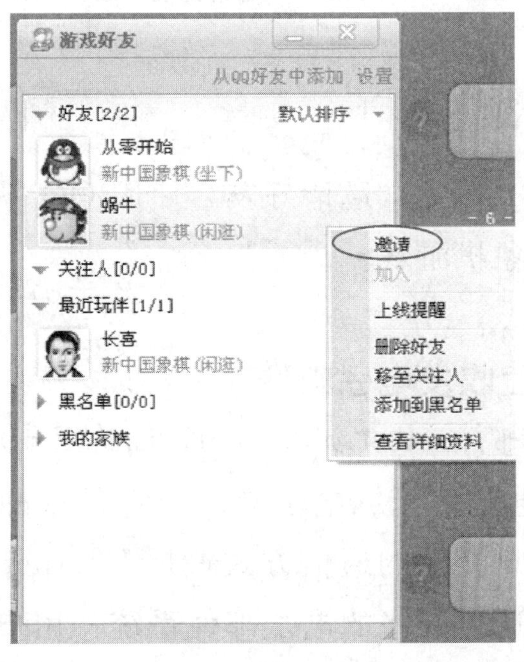

图 6-48　QQ 游戏—邀请好友下象棋(五)

步骤 7. 邀请成功后，我们就可以开始和好友游戏了，并且在游戏的过程中，还可以和好友聊天，界面如图 6-49 所示。

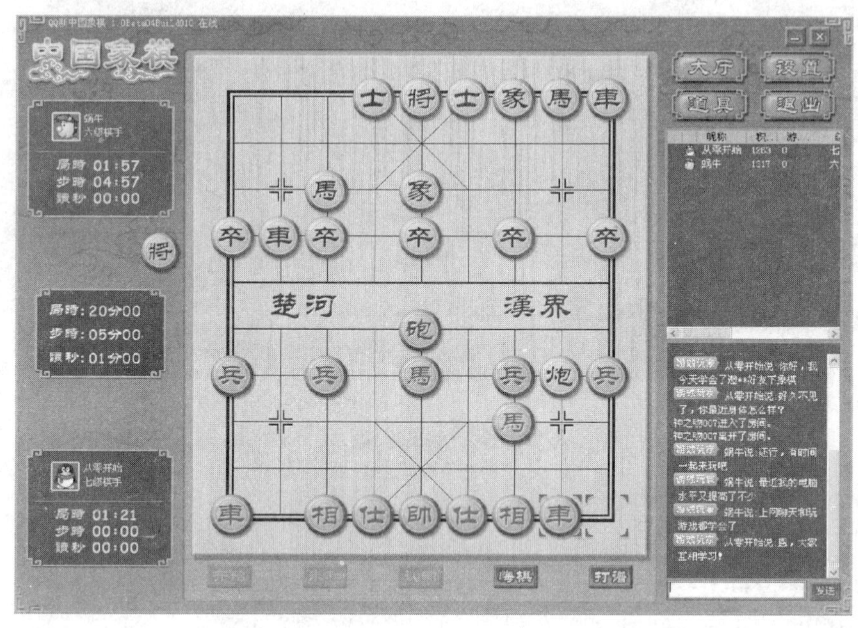

图 6-49　QQ 游戏—邀请好友下象棋(六)

试一试

活动　请尝试邀请好友，使用 QQ 平台一起进行新中国象棋游戏。

6.6　网上收发电子邮件

电子邮件(electronic mail，简称 E-mail，标志：@)又称电子信箱、电子邮政，它是一种用电子手段提供信息交换的通信方式，是 Internet 应用最广的服务：通过网络的电子邮件系统，用户可以用非常低廉的价格(不管发送到哪里，都只需负担电话

读书笔记

费和网费即可)，以非常快速的方式(几秒钟之内可以发送到世界上任何你指定的目的地)，与世界上任何一个角落的网络用户联系。这些电子邮件可以是文字、图像、声音等各种方式。同时，用户可以得到大量免费的新闻、专题邮件，并实现轻松的信息搜索。

6.6.1 认识电子邮件

知识讲解

电子邮件指用电子手段传送信件、单据、资料等信息的通信方法。电子邮件综合了电话通信和邮政信件的特点，它传送信息的速度和电话一样快，又能像信件一样使收信者在接收端收到文字记录。电子邮件系统又称基于计算机的邮件报文系统。它承担从邮件进入系统到邮件到达目的地为止的全部处理过程。电子邮件不仅可利用电话网络，而且可利用任何通信网传送。在利用电话网络时，还可利用其非高峰期间传送信息，这对于商业邮件具有特殊价值。

电子邮件具有如下特点。

(1)使用简易、投递迅速。

(2)收费低廉。

(3)易于保存。

(4)全球畅通无阻。

(5)可以进行一对多的邮件传递，同一邮件可以一次发送给许多人。

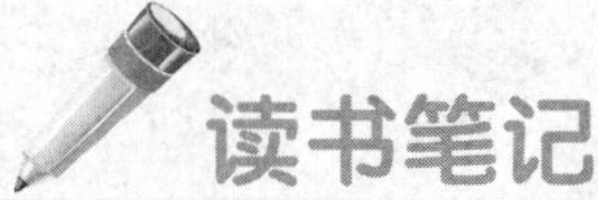

读书笔记

6.6.2 申请免费的电子邮箱

知识讲解

在网上收发邮件，首先要有自己的电子邮箱，126邮箱是网易公司于2001年11月推出的免费的电子邮箱，是网易公司倾力打造的专业电子邮局，126免费邮箱拥有3G超大存储空间，支持超大20兆附件，采用了创新Ajax技术，同等网络环境下，页面响应时间最高减少90%，垃圾邮件及病毒有效拦截率分别超过98%和99.8%。但是它有收费的服务，即126随身邮，它是选择性的，只是为了能及时收到邮件而设置的一个服务。

学习园地

任务 申请126电子邮箱

步骤1. 使用IE浏览器登录网易(www. 126. com)，在首页中单击"立即注册"按钮，如图6-50所示。

图6-50 网易—申请电子邮箱(一)

读书笔记

步骤 2. 在注册页面中填写信息，并且在用户名中填写后，一定单击“检测”按钮，防止出现用户名已存在的现象，造成注册失败，如图 6-51 所示。

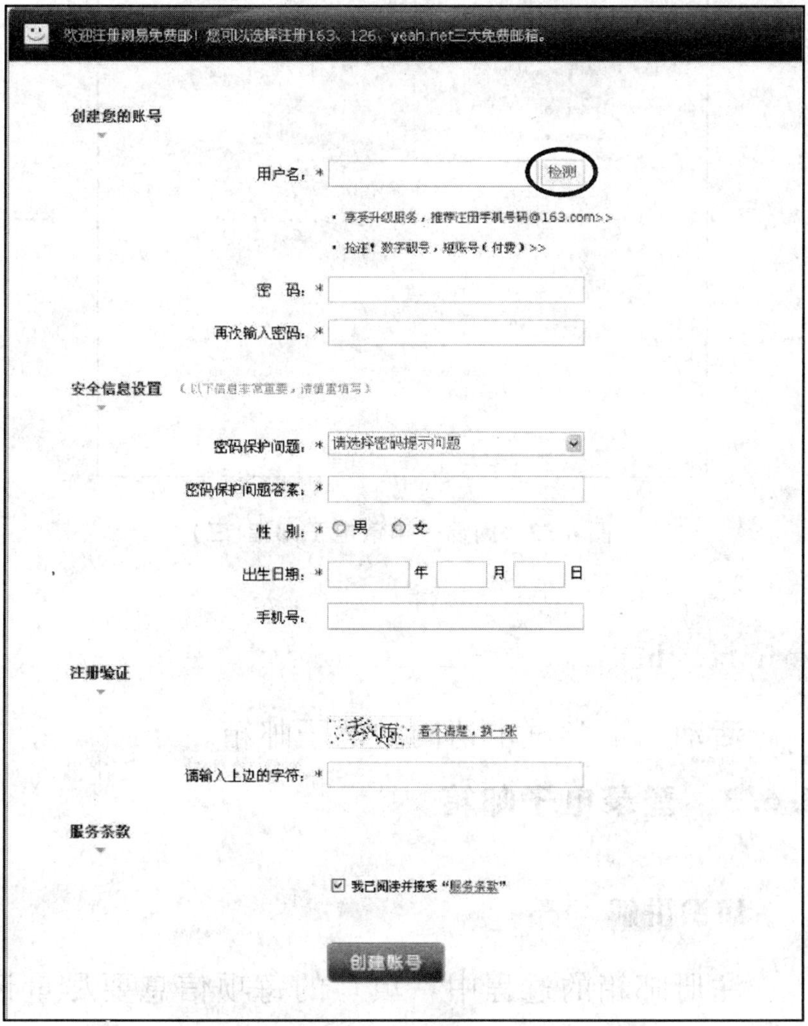

图 6-51　网易—申请电子邮箱(二)

步骤 3. 填写完成后，单击“创建账号”按钮，完成注册，如图 6-52 所示。

读书笔记

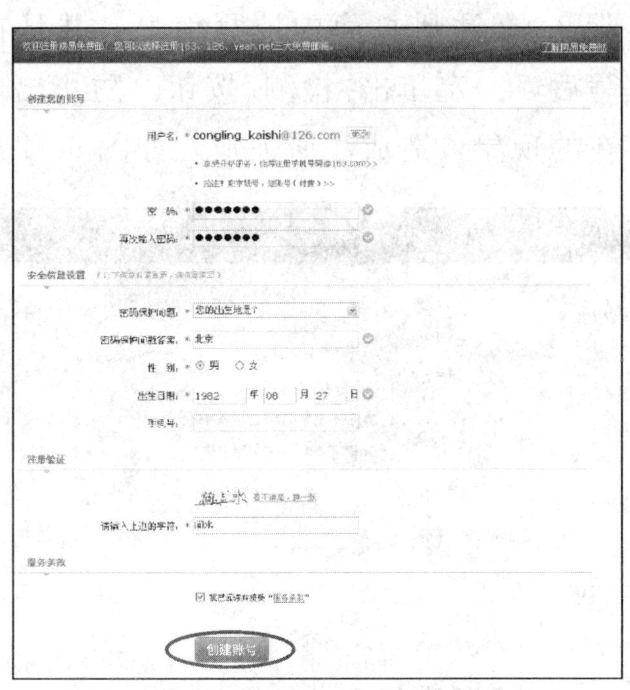

图 6-52　网易—申请电子邮箱(三)

试一试

活动　请尝试申请网易电子邮箱。

6.6.3　登录电子邮箱

知识讲解

注册邮箱的过程中，填写的每项信息要尽量记住。尤其是用户名和密码，在注册成功电子邮箱后，便可以用已经注册的用户名和密码进行登录了。如果忘记了自己的用户名和密码，找回密码的过程比较麻烦，需要之前注册的其他信息，帮助我们证明身份。本节中，我们将进行电子邮箱登录的学习。

读书笔记

任务 登录126电子邮箱

步骤1. 使用IE浏览器登录网易(www.126.com)，在用户名和密码文本框中输入相关内容后，单击“登录”按钮，如图6-53所示。

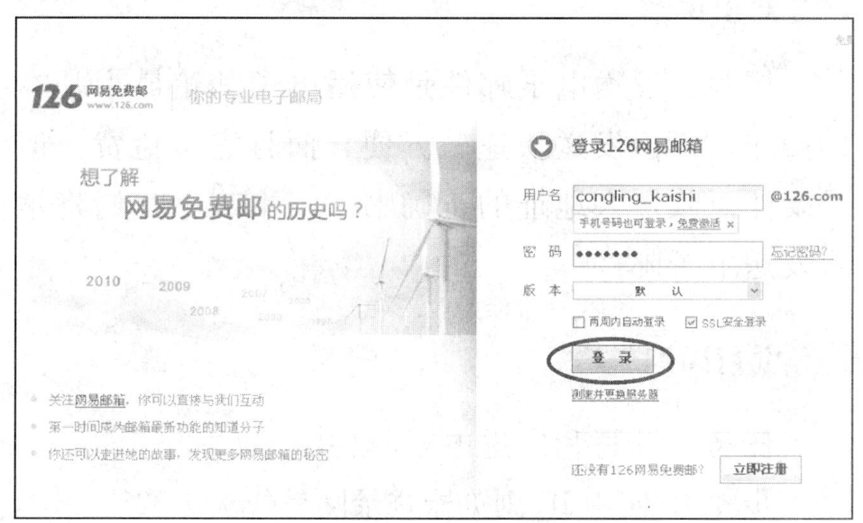

图6-53 网易—登录电子邮箱(一)

步骤2. 登录成功后，进入自己的电子邮箱，如图6-54所示。

图6-54 网易—登录电子邮箱(二)

活动　请登录自己的电子邮箱，查看页面结构。

6.6.4　撰写和发送邮件

知识讲解

撰写、发送电子邮件是使用电子邮箱最为基本的操作，不但发送快速、方便，而且完全免费，但是要注意收件人地址的正确书写。本节中我们将学习发送电子邮件。

任务　撰写和发送电子邮件

步骤 1. 使用 IE 浏览器登录网易(www.126.com)，单击“写信”按钮，如图 6-55 所示。

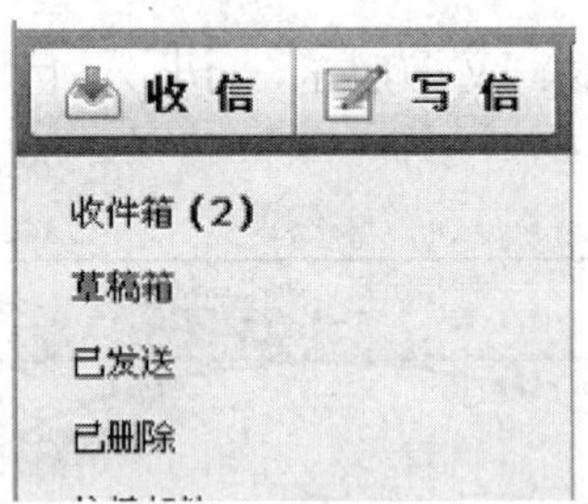

图 6-55　网易—撰写发送电子邮件(一)

步骤 2. 在撰写邮件页面中，填写收件人地址、主题及邮件内容，填写完成后单击“发送”按钮，完成邮件发送，如图 6-56 所示。

步骤 3. 发送完成后，会显示发送邮件成功，

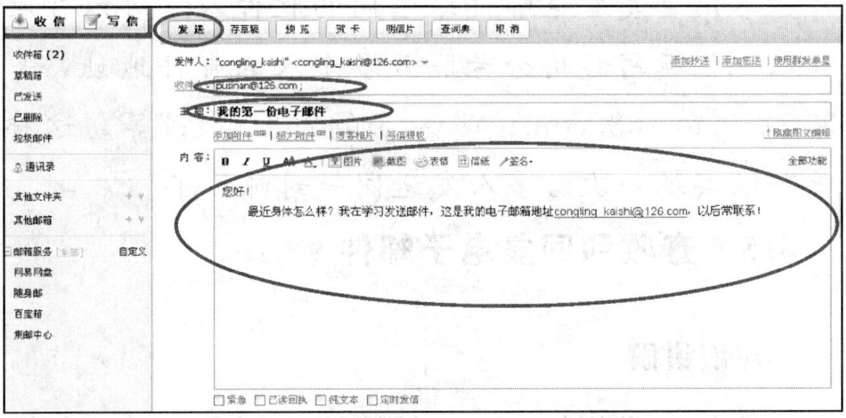

读书笔记

图 6-56　网易—撰写、发送电子邮件(二)

如图 6-57 所示。

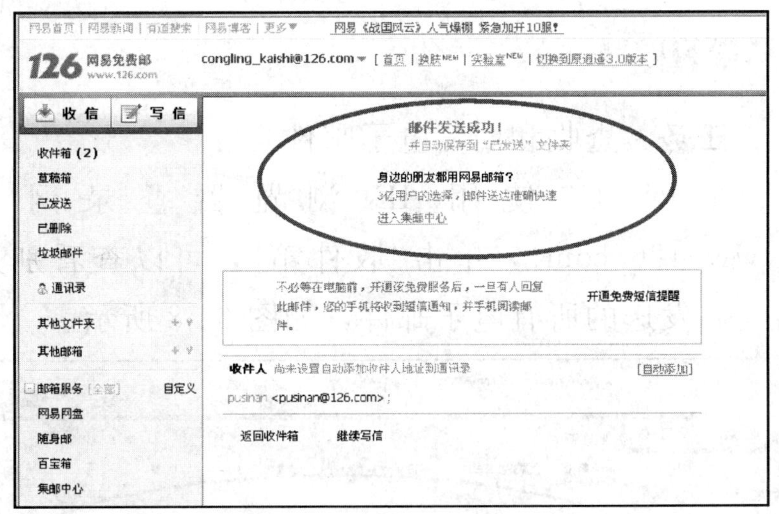

图 6-57　网易—撰写、发送电子邮件(三)

试一试

活动　请为自己的好友发一份电子邮件。

知识扩展

有些时候我们需要一次给多人发送同一封邮

件，不用重复发送邮件给不同的收件人，可以在收件人一栏填写时用分号隔开多个人的邮件地址，如"×××@163.com；×××@263.net;"等，这样就可以实现一次给多人发送同一封邮件了。

6.6.5 查收和回复电子邮件

知识讲解

接收电子邮件时，应该注意查看发件人，如果是不认识的人给我们发送的电子邮件最后不要打开查看，以防病毒，做好自我保护。

学习园地

任务 查收和回复电子邮件

步骤 1. 使用 IE 浏览器登录网易(www.126.com)，单击"收件箱"，可以查看别人给我们发送的所有电子邮件，如图 6-58 所示。

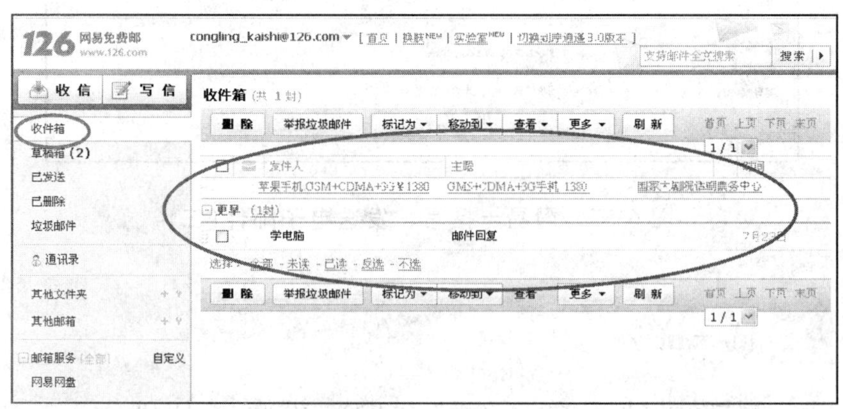

图 6-58 网易—查收、回复电子邮件(一)

步骤 2. 单击要查看的电子邮件，查看邮件内容，单击"回复"按钮，可以实现电子邮件的回复，如图 6-59 所示。

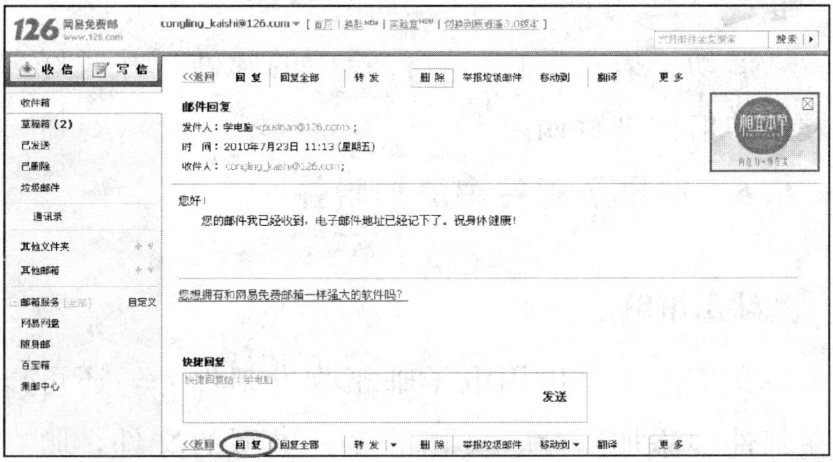

图 6-59 网易一查收、回复电子邮件(二)

步骤 3. 在回复电子邮件页面中，原邮件内容的相关信息，已经填写完毕，我们不必再次填写收件地址等信息，并且可以对邮件主题、邮件内容进行编辑，完成编辑后，单击“发送”按钮，可以实现邮件的发送，如图 6-60 所示。

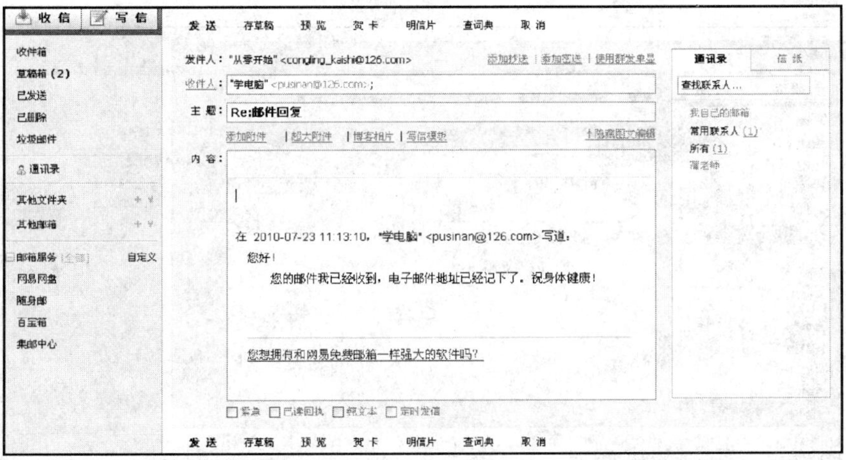

图 6-60 网易一查收、回复电子邮件(三)

读书笔记

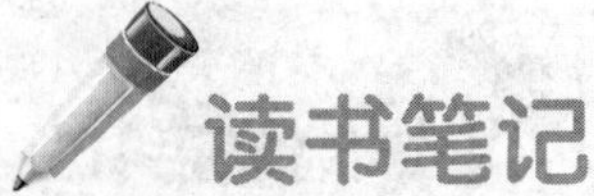

活动　请查看自己收件箱中的邮件，并对好友发送的信件进行回复。

6.6.6　在电子邮件中添加附件

我们除了可以用电子邮箱收发邮件外，还可以在邮件中添加图片、文档等多种类型的文件，附在邮件中一起发送，方便我们进行信息传递。

学习园地

任务　在电子邮件中添加附件

步骤 1. 参照 6.5.4 中学习的内容，建立邮件，并且在邮件编写页面中单击“添加附件”，如图 6-61 所示。

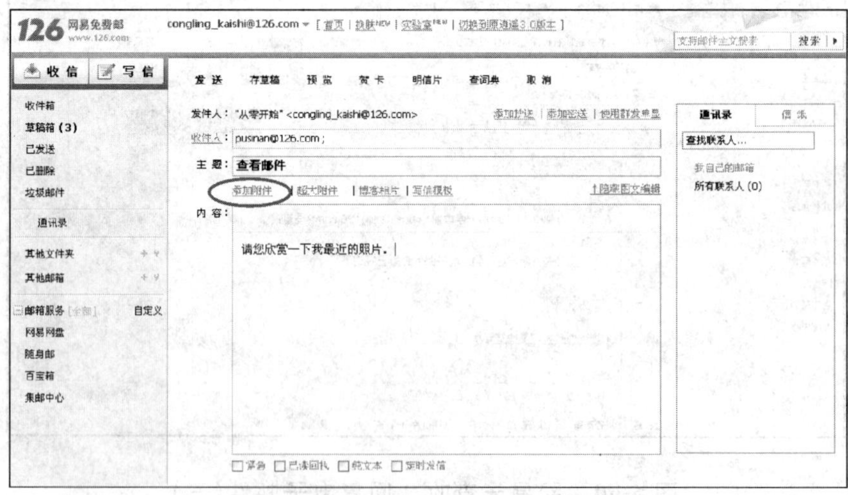

图 6-61　网易—添加附件(一)

读书笔记

步骤 2. 在弹出的对话框中选择要添加的附件，并单击“打开”按钮，如图 6-62 所示。

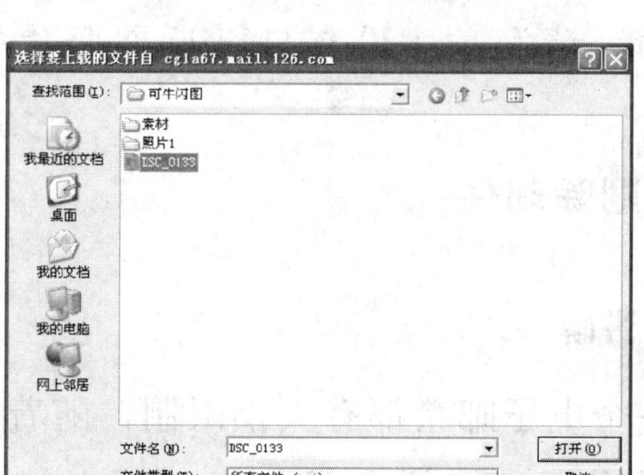

图 6-62　网易—添加附件(二)

步骤 3. 添加附件完成后，我们会在邮件发送页面看到附件上传进度为 100%，表示附件添加成功，单击“发送”按钮，完成邮件发送，如图 6-63 所示。

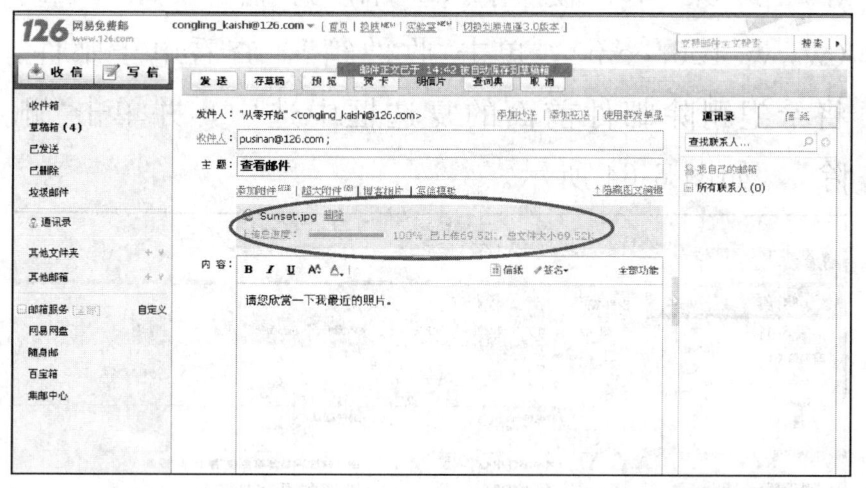

图 6-63　网易—添加附件(三)

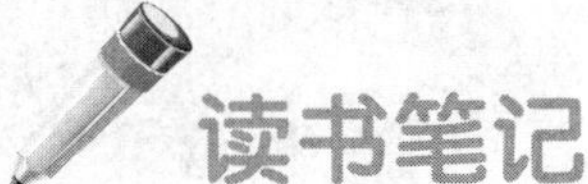

活动　请发送一份有自己近期照片的邮件给好友。

6.6.7　删除邮件

知识讲解

每一个电子邮箱都有大小限制，随着我们收发邮件的增多，我们的电子邮箱可用空间会越来越少，因此养成定期清理电子邮箱的好习惯，可以保证我们正常使用电子邮箱。

学习园地

任务　删除邮件

步骤 1. 使用 IE 浏览器登录网易(www.126.com)，单击“收件箱”，查看电子邮件，将希望删除邮件前面的复选框中选中，并单击“删除”，如图 6-64 所示。

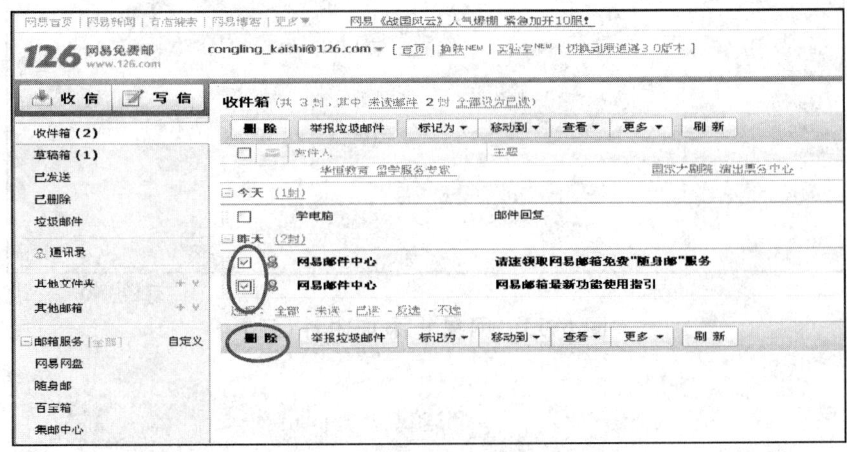

图 6-64　删除邮件(一)

读书笔记

步骤 2. 删除后，单击“已删除”，我们可以看到删除的邮件，这些邮件没有彻底删除，还可以恢复。如果需要彻底删除，需要我们再次选中邮件，单击“彻底删除”，如图 6-65 所示。

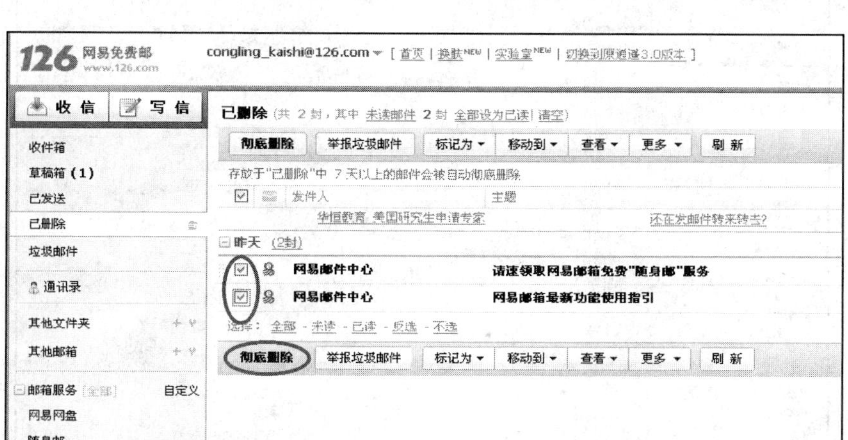

图 6-65　删除邮件(二)

试一试

活动　请删除电子邮箱中的广告邮件。

6.6.8　通讯录的使用

知识讲解

在使用电子邮箱收发邮件的时候，常常我们会因为输入收件人地址错误导致邮件发送失败，另外电子邮件的地址有些比较复杂，不容易记忆，因此我们要学会使用通讯录，帮助我们解决此问题。

学习园地

任务　通讯录的使用

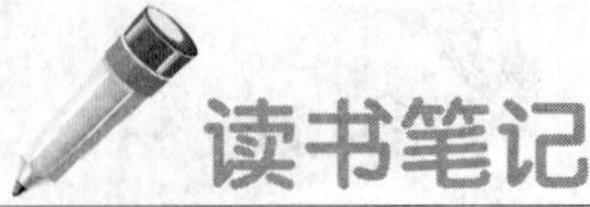

步骤 1. 使用 IE 浏览器登录网易(www. 126. com)，单击“通讯录”，在通讯录页面中单击“添加联系人”，如图 6-66 所示。

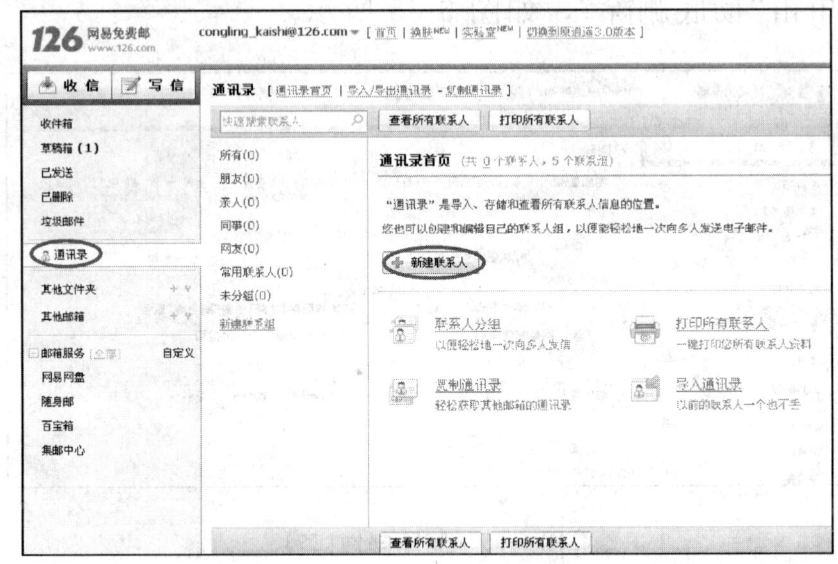

图 6-66　通讯录(一)

步骤 2. 在弹出的页面中输入联系人信息(注意邮件地址的正确)，填写完成后，单击“保存”按钮，如图 6-67 所示。

步骤 3. 添加完成后，显示如图 6-68 所示。

步骤 4. 当我们再次写邮件的时候，就可以在右侧的通讯录找到添加的联系，单击联系人，联系人的邮件地址自动添加在收件人地址中。如图 6-69 所示。

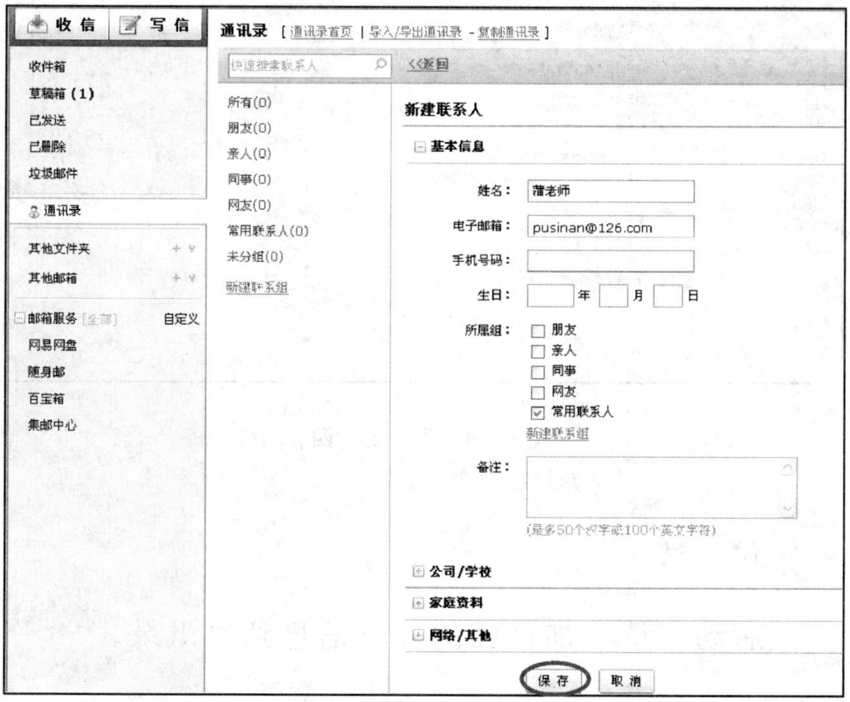

图 6-67　通讯录(二)

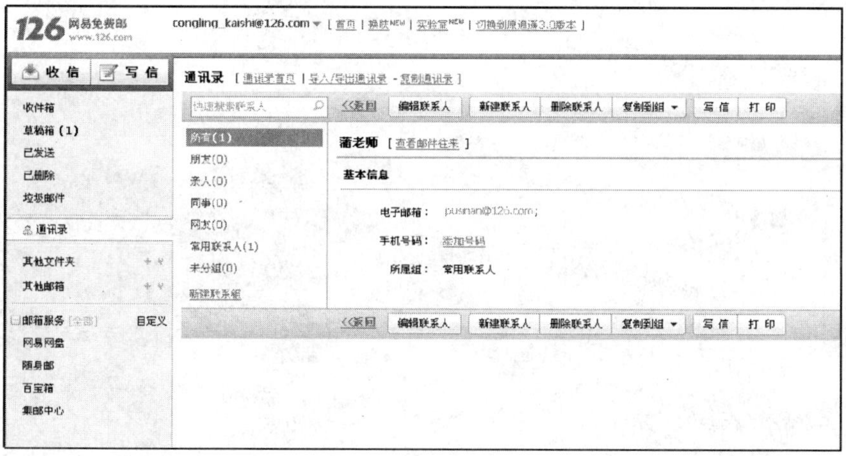

图 6-68　通讯录(三)

读书笔记

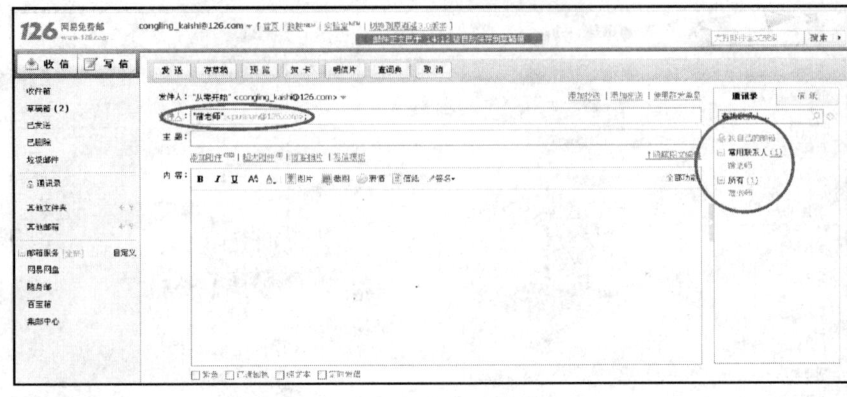

图 6-69　通讯录(四)

试一试

活动　请添加自己的好友信息到通讯录。

第 7 章　电脑安全与简单维护

读书笔记

学习重点

1. 电脑的工作环境要求。
2. 正确使用电脑的习惯。
3. 电脑病毒知识。
4. 电脑病毒防护知识。
5. 360 安全卫士的使用。

7.1　电脑的日常维护

7.1.1　良好的工作环境

1. 温度条件

一般电脑应工作在 20℃～25℃环境下，现在的电脑虽然本身散热性能很好，但过高的温度仍然会使电脑工作时产生的热量散不出去，轻则缩短机器的使用寿命，重则烧毁电脑的芯片或其他配件，现在电脑硬件的发展非常的迅速，更新换代相当的快，电脑的散热已成为一个不可忽视的问题；温度过低则会使电脑的各配件之间产生接触不良的毛病，从而导致电脑不能正常工作，有条件的话，最好在安放电脑的房间安上空调，以保证电脑正常运行时所需的环境温度。

2. 湿度条件

湿度不能过高，电脑在工作状态下应保持通风良好，否则电脑内的线路板很容易腐蚀，使板卡过早老化。

3. 防尘

由于电脑各组成部件非常精密，如果电脑在较多灰尘的环境下工作，就有可能造成电脑的各种接口接触不良或短路，使电脑不能正常工作。因此，不要将电脑安置于粉尘高的环境中；另外，最好能半年或一年清理一下电脑机箱内部的灰尘，做好机器的清洁工作，以保证电脑的正常运行。

应注意如下防尘事项。

(1)应由专业人员来进行灰尘的清理工作。

(2)在清洁前一定先将主机断电，拔掉主机电源线；清洁过程中尽量不要打开电源清洁机箱内部。

(3)不要私自打开显示器进行显示器的内部清洁，主要是考虑到有厂家保修条件的制约。

(4)清洁之前要先看下天气，最好不要选在阴天下雨和空气湿度大的时候清洁，那样容易造成连接线插头的氧化。

(5)在清洁过程中最好用软刷，如果刷毛过硬会增大器件的损坏几率。

4. 电源要求

电源电压不稳容易对电脑电路和器件造成损害，现在我国部分农村及城市的电压并不稳定，在

读书笔记

这样的环境下使用电脑，一定要配备稳压器。另外，如果突然停电，则有可能会造成电脑内部数据的丢失，严重时还会造成电脑系统不能启动等故障，所以，如果使用电脑的地方经常停电，要想对电脑进行电源保护，应该配备一个小型的家用UPS（不间断电源，在忽然停电时，可以自动切换为电池供电，提供10分钟左右的时间进行正常关机操作），保证电脑的正常使用。

5. 防静电

静电有可能造成电脑芯片的损坏，为防止静电对电脑造成损害，在打开电脑机箱前应当用手接触暖气管或水管等可以放电的物体，将本身的静电放掉后再接触电脑的配件；另外在安放电脑时将机壳用导线接地，可以起到很好的防静电效果。

6. 防止振动、磁场和噪音

振动、磁场和噪音会造成电脑中部件的损坏（如硬盘的损坏或数据的丢失、显示器显示失真等），因此电脑不能工作在振动和噪声很大的环境中。

7.1.2 良好的使用习惯

知识讲解

形成良好的使用电脑的习惯，不仅可以避免不必要的故障的发生，延长电脑的使用寿命，而且可以充分发挥电脑的作用，保护我们的身心健康，让电脑更好地为我们服务。下面就是一些良好的电脑

读书笔记

使用习惯。

(1)使用电脑半小时到40分钟时要起来活动几分钟，休息一下眼睛，活动一下身体。

(2)使用电脑过程中多喝水，中间休息时洗洗脸。

(3)不要在键盘上面吃零食、喝饮料，造成键盘的污染。

(4)不要在显像管显示器上放东西，这样会影响显示器的散热；不要用手触摸屏幕、指指点点；清洁显示器时用潮湿的软件布轻轻擦拭，不可用酒精等有机溶剂。

(5)电脑主机的安放位置应离人体远些，主机、显示器屏幕距人体一臂左右较为合适。

(6)尽量不要非法关机，即直接切断电源，这样不仅会导致部分正在编辑的文档丢失，甚至会造成下次开机时不能启动的故障。

(7)不要安装来路不明的软件，上网时不要乱进网站，以免中毒。下载的软件先进行杀毒，再使用。定期升级你的杀毒软件并定期杀毒。

(8)将你的文件规范存放。建立专门的文件夹，分门别类的存放文件，如音乐、游戏、文章、软件、程序、图片、视频影音等等。

(9)定期进行磁盘清理和碎片整理。

(10)在编辑文档时要适时地保存文档，万一出现死机等故障，不至于由于没有及时保存而造成很大的损失。

读书笔记

7.2 电脑病毒与防范

7.2.1 什么是电脑病毒

知识讲解

计算机病毒(Computer Virus)俗称电脑病毒，在《中华人民共和国计算机信息系统安全保护条例》中有明确定义，即电脑病毒是指“编制或者在计算机程序中插入的破坏计算机功能或者破坏数据，影响计算机使用并且能够自我复制的一组计算机指令集或者程序代码”。

通俗地讲，电脑病毒就是利用电脑软件与硬件的缺陷，由被破坏电脑数据并影响电脑正常工作的一组指令集或程序代码。

电脑病毒具有以下几个特点。

1. 寄生性

电脑病毒寄生在其他程序之中，当执行这个程序时，病毒就起破坏作用，而在未启动这个程序之前，它是不易被人察觉的。

2. 传染性

电脑病毒不但本身具有破坏性，更有害的是具有传染性，一旦病毒被复制或产生变种，其速度之快令人难以预防。在生物界，病毒通过传染从一个生物体扩散到另一个生物体。在适当的条件下，它可得到大量繁殖，并使被感染的生物体表现出病症甚至死亡。同样，电脑病毒也会通过各种渠道从已

被感染的电脑扩散到未被感染的电脑，在某些情况下造成被感染的电脑工作失常甚至瘫痪。与生物病毒不同的是，电脑病毒是一段人为编制的电脑程序代码，这段程序代码一旦进入电脑并得以执行，它就会搜寻其他符合其传染条件的程序或存储介质，确定目标后再将自身代码插入其中，达到自我繁殖的目的。

3. 潜伏性

有些病毒像定时炸弹一样，让它什么时间发作是预先设计好的。例如，黑色星期五病毒，不到预定时间一点都觉察不出来，等到条件具备的时候(黑色星期五病毒的发作条件是系统日期为 17 日或 27 日，并且当天是星期五)一下子就爆炸开来，对系统进行破坏。一个编制精巧的电脑病毒程序，进入系统之后一般不会马上发作，可以在几周或者几个月内甚至几年内隐藏在合法文件中，对其他系统进行传染，而不被人发现，潜伏性愈好，其在系统中的存在时间就会愈长，病毒的传染范围就会愈大。

潜伏性的第一种表现是指，病毒程序不用专用检测程序是检查不出来的，因此病毒可以静静地躲在磁盘或磁带里待上几天，甚至几年，一旦时机成熟，得到运行机会，就又要四处繁殖、扩散，继续为害。潜伏性的第二种表现是指，电脑病毒的内部往往有一种触发机制，不满足触发条件时，电脑病毒除了传染外不做什么破坏。触发条件一旦得到满足，有的在屏幕上显示信息、图形或特殊标识，有的则执行破坏系统的操作，如格式化磁盘、删除磁盘文件、对数据文件做加密、封锁键盘以及使系统死锁等。

4. 隐蔽性

电脑病毒具有很强的隐蔽性，有的可以通过病毒软件检查出来，有的根本就查不出来，有的时隐时现、变化无常，这类病毒处理起来通常很困难。

5. 破坏性

电脑中毒后，可能会导致正常的程序无法运行，把电脑内的文件删除或受到不同程度的损坏。通常表现为增、删、改、移。

7.2.2 电脑中毒的症状

知识讲解

电脑中毒的症状有很多，下面简单介绍一些我们能够感知的中毒症状。

(1)电脑系统运行速度减慢。

(2)电脑系统经常无故发生死机或系统异常重新启动。

(3)电脑系统中的文件长度发生变化，有增加的，也有减少的。

(4)电脑硬盘的存储容量异常减少。

(5)系统开机启动速度减慢。

(6)不断丢失文件或文件损坏。

(7)电脑屏幕上出现异常显示。

读书笔记

读书笔记

(8)电脑系统的蜂鸣器出现异常声响。

(9)磁盘卷标名称自己发生变化。

(10)系统不识别硬盘。

(11)键盘输入异常。

(12)文件的日期、时间、属性等发生变化。

(13)文件无法正确读取、复制或打开。

(14)时钟倒转。有些病毒会命名系统时间倒转，逆向计时。

7.2.3 电脑病毒的防范

知识讲解

(1)杀毒软件经常更新，以快速检测到可能入侵计算机的新病毒或者变种。

(2)使用安全监视软件(和杀毒软件不同，比如360安全卫士，瑞星卡卡)主要防止浏览器被异常修改、挂马，安装不安全恶意的插件。

(3)使用防火墙或者杀毒软件自带防火墙(一般会自动设置)。

(4)关闭电脑自动播放功能，并对电脑和移动储存工具(如U盘、移动硬盘等)进行常见病毒免疫。

(5)定时进行全盘病毒木马扫描。

(6)注意网址正确性，避免进入陌生的网站。

读书笔记

7.3 进阶练习——360 安全卫士的使用

360 安全卫士是一款完全免费的安全类上网辅助软件，它拥有查杀恶意软件，插件管理，病毒查杀，诊断及修复四大主要功能，同时还提供弹出插件免疫，清理使用痕迹以及系统还原等特定辅助功能。目前 360 安全卫士已升级到 V7.1.1 正式版，由于是全免费软件，所以可以直接到 360 的网站上下载，网址是：http：//www.360.cn/。

学习园地

下面我们以“电脑体检”和“木马查杀”两个应用功能来介绍一下 360 安全卫士的使用。360 安全卫士的功能很多，只要我们细心观察，大胆尝试，相信我们的电脑会一直非常健康的。

任务 1 使用 360 安全卫士进行“电脑体检”

步骤 1. 安装了 360 安全卫士后，每次启动电脑，360 安全卫士会自动启动，在任务栏的通知区域可以看到其图标。单击 360 安全卫士图标，如果是刚安装完成或 24 小时以上没有进行过“电脑体检”，360 安全卫士会自动进行“电脑体检”，如图 7-1所示。

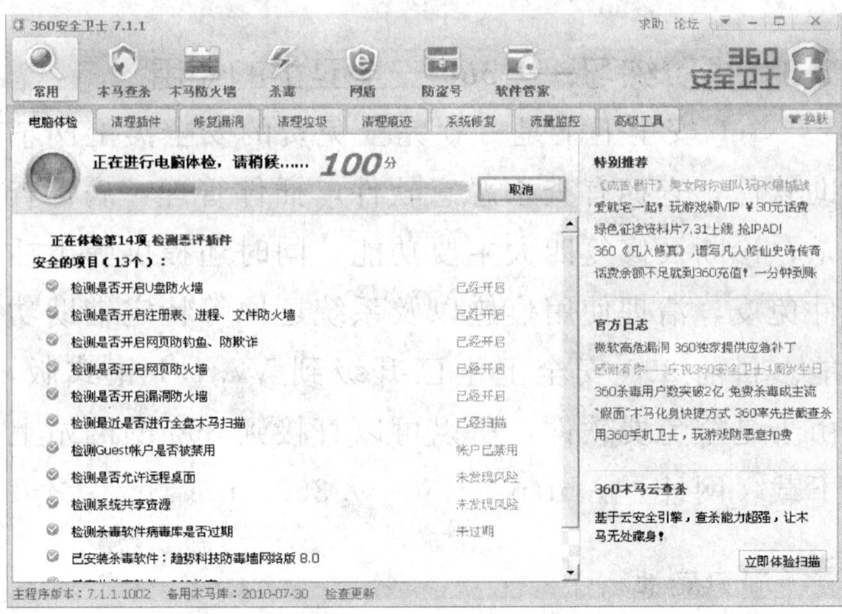

图 7-1 360 安全卫士在进行“电脑体检”

步骤 2.“电脑体检”完成后，360 安全卫士会显示“体检结果”，并为电脑的安全评分，如图 7-2 所示。

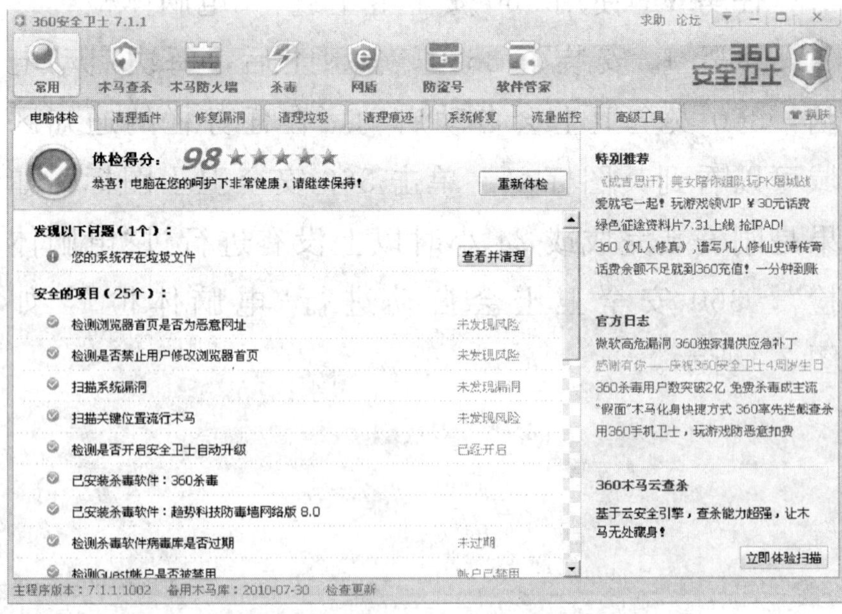

图 7-2 “电脑体检”结果

读书笔记

按图 7-2 所示结果，这台电脑的安全性非常好，只发现了一个问题，那就是“您的系统存在垃圾文件”。所谓垃圾文件，就是没有用的文件，如电脑在运行过程中产生的一些临时文件，回收站里的一些要删除的文件，上网浏览网页时产生的一些网页中需要显示的文件(预读文件)，而在关闭网页后这些文件就都没有意义了……

步骤 3. 要清除这些垃圾文件，可以单击问题后面的“查看并清理”按钮，进入“垃圾清理”选项卡，如图 7-3 所示。

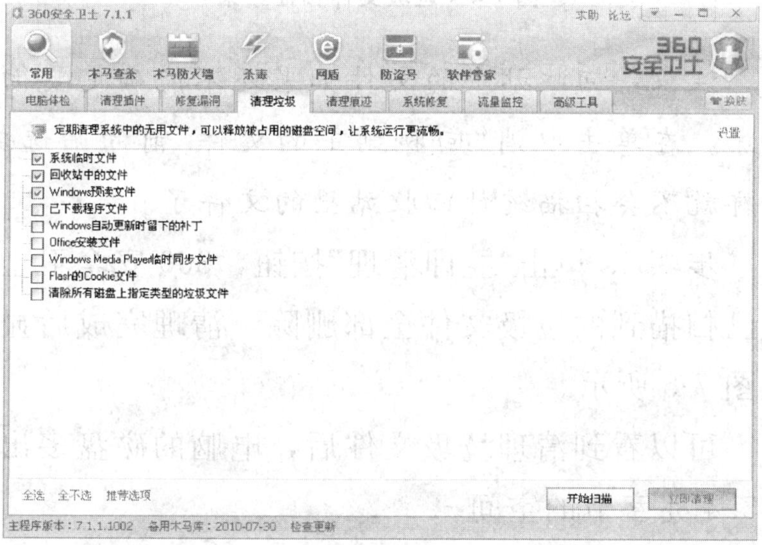

图 7-3 “清理垃圾”选项卡

步骤 4. 因为其他类型的垃圾文件清除要慎重，所以图 7-3 中默认选定了前 3 项垃圾文件类型，单击“开始扫描”按钮，360 安全卫士即开始统计垃圾文件，扫描完成时的显示如图 7-4 所示。

读书笔记

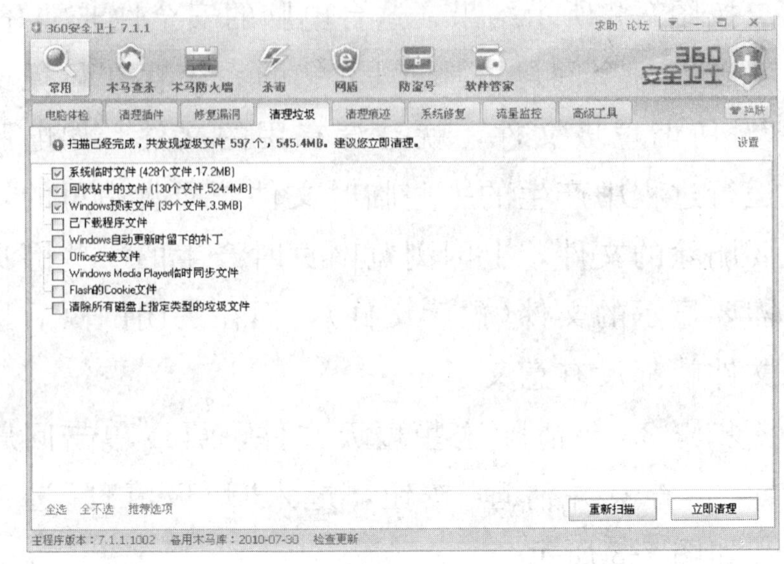

图 7-4　垃圾文件扫描结果

注意：回收站中的文件如果还不能确定要彻底删除，在单击取消“回收站中的文件”前的筛选钩，这样就不会扫描统计回收站里的文件了。

步骤 5. 单击“立即清理”按钮，360 安全卫士将把已扫描到的垃圾文件全部删除，清理完成后显示如图 7-5 所示。

可以看到清理垃圾文件后，电脑的磁盘多出了 545.4 兆字节的空间。

在“电脑体检”后，如果还有其他的问题，可以直接单击问题后面的相应按钮，按屏幕提示进行处理就可以避免许多病毒的侵害。

在我们上网时，有些木马病毒由于隐蔽得很好，还是会悄悄地进入我们的电脑而没有被发现。这样就需要我们进行定期的木马查杀。

读书笔记

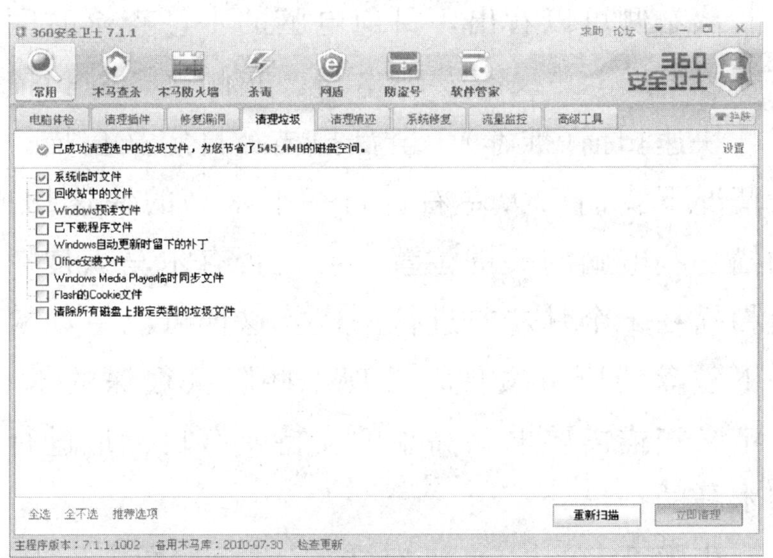

图 7-5 垃圾文件清理结果

任务 2 定期查杀木马

步骤 1. 在 360 安全卫士窗口单击上面的第 2 个按钮“木马查杀”，打开“360 木马云查杀”窗口，如图 7-6 所示。

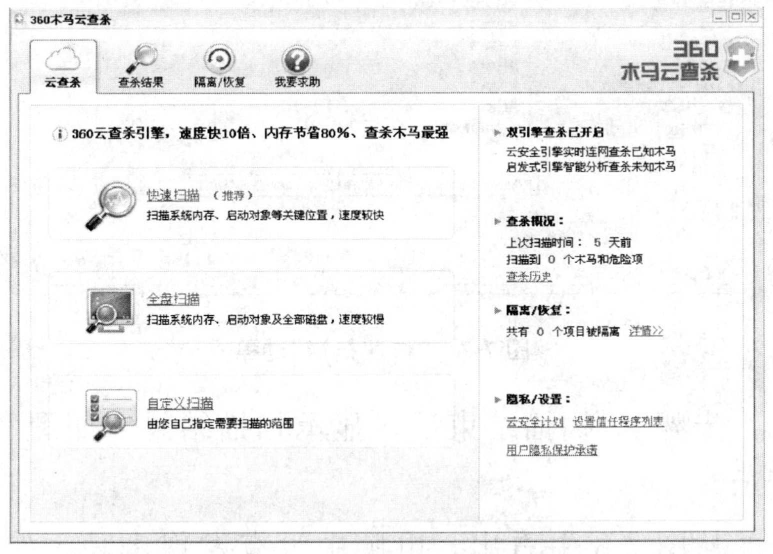

图 7-6 “360 木马云查杀”窗口

读书笔记

从右侧可以看出，目前电脑的木马查杀时间是在“5 天前”，并没有发现木马。左侧有 3 种扫描方式：快速扫描(推荐)、全盘扫描、自定义扫描。一般情况下我们 7 天左右进行一下木马的快速扫描，扫描一些电脑的关键位置，看是否有木马入侵；全盘扫描在 1 个月左右进行一次，这样可以主动检测一下磁盘的所有文件，发现一些隐藏很深的木马；自定义扫描需要电脑高手的支持，有目标地进行一些木马的扫描。

步骤 2. 单击“快速扫描”，显示如图 7-7 所示。扫描过程中会显示正在扫描的项目和扫描结果。

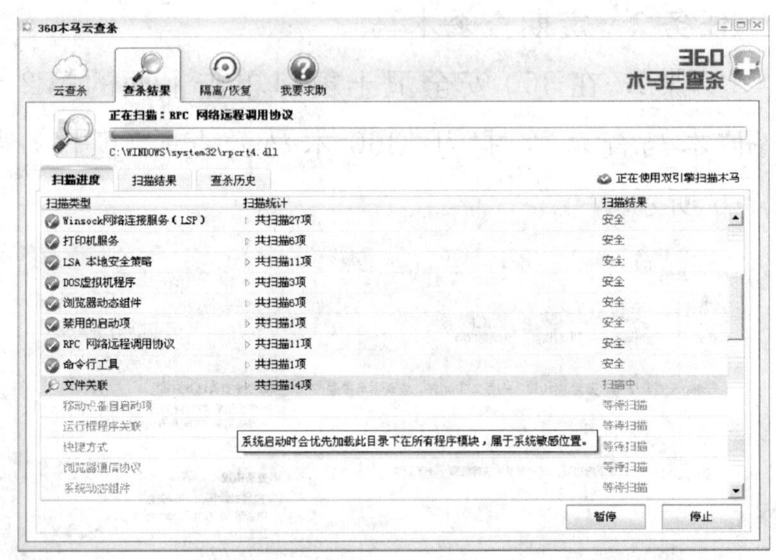

图 7-7 “快速扫描”过程

步骤 3. 扫描结束后，显示扫描结果，如图 7-8 所示。

从图 7-8 中看出，电脑中没有发现木马。如果 360 安全卫士在电脑中发现了木马，会在“查杀结

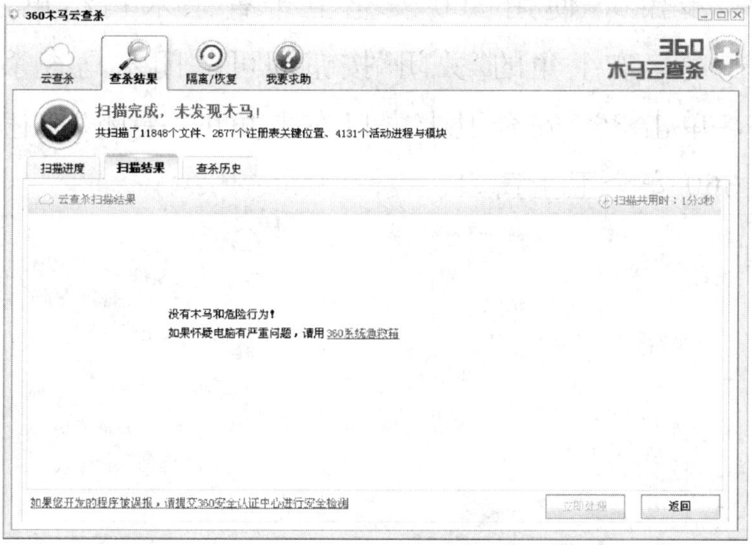

图 7-8　木马“查杀结果”

果”中显示具体的被感染文件及病毒名称，“立即处理”按钮也就不是灰色的，单击“立即处理”按钮即可将木马清除。

步骤 4. 单击“查杀历史”选项卡，可以看到以前的“查杀历史”，如图 7-9 所示。

图 7-9　“查杀历史”选项卡

读书笔记

读书笔记

步骤5. 使用360安全卫士查杀木马结束后，单击窗口右上角的“关闭”按钮即可关闭木马查杀窗口，单击360安全卫士窗口右上角的“关闭”按钮关闭360安全卫士窗口。

附录　汉语拼音方案

读书笔记

一、字母表

字母	名称	字母	名称	字母	名称	字母	名称
A*a*	ㄚ	Hh	ㄏㄚ	Oo	ㄛ	Vv	□ㄝ
Bb	ㄅㄝ	Ii	ㄧ	Pp	ㄆㄝ	Ww	ㄨㄚ
Cc	ㄘㄝ	Jj	ㄐㄧㄝ	Qq	ㄑㄧㄡ	Xx	ㄒㄧ
Dd	ㄉㄝ	Kk	ㄎㄝ	Rr	ㄚㄦ	Yy	ㄧㄚ
Ee	ㄜ	Ll	ㄝㄌ	Ss	ㄝㄙ	Zz	ㄗㄝ
Ff	ㄝㄈ	Mm	ㄝㄇ	Tt	ㄊㄝ		
Gg	ㄍㄝ	Nn	ㄋㄝ	Uu	ㄨ		

Vv 只用来拼写外来语、少数民族语言和方言。

字母的手写体依照拉丁字母的一般书写习惯。

二、声母表

b	p	m	f	d	t	n	l
ㄅ玻	ㄆ坡	ㄇ摸	ㄈ佛	ㄉ得	ㄊ特	ㄋ讷	ㄌ勒

g	k	h	j	q	x
ㄍ哥	ㄎ科	ㄏ喝	ㄐ基	ㄑ欺	ㄒ希

zh	ch	sh	r	z	c	s
ㄓ知	ㄔ蚩	ㄕ诗	ㄖ日	ㄗ资	ㄘ雌	ㄙ思

在给汉字注音的时候，为了使拼式简短，zh，ch，sh 可以省作 z，c，s 。

读书笔记

三、韵母表

	i 丨 衣	u ㄨ 乌	ü ㄩ 迂
a ㄚ 啊	ia 丨ㄚ 呀	ua ㄨㄚ 蛙	
o ㄛ 喔		uo ㄨㄛ 窝	
e ㄜ 鹅	ie 丨ㄝ 耶		üe ㄩㄝ 约
ai ㄞ 哀		uai ㄨㄞ 歪	
ei ㄟ 诶		uei ㄨㄟ 威	
ao ㄠ 熬	iao 丨ㄠ 腰		
ou ㄡ 欧	iou 丨ㄡ 忧		
an ㄢ 安	ian 丨ㄢ 烟	uan ㄨㄢ 弯	üan ㄩㄢ 冤
en ㄣ 恩	in 丨ㄣ 因	uen ㄨㄣ 温	ün ㄩㄣ 晕
ang ㄤ 昂	iang 丨ㄤ 央	uang ㄨㄤ 汪	
eng ㄥ 亨的韵母	ing 丨ㄥ 英	ueng ㄨㄥ 翁	
ong ㄨㄥ轰的韵母	iong ㄩㄥ 雍		

(1)“知、蚩、诗、日、资、雌、思”七个音节的韵母用 i，即：知、蚩、诗、日、资、雌、思等字拼作 zhi，chi，shi，ri，zi，ci，si。

(2)韵母儿写成 er，用做韵尾的时候写成 r。例如："儿童"拼作 ertong，"花儿"拼作 huar。

(3)韵母ㄝ单用的时候写成 ê。

(4)i 行的韵母，前面没有声母的时候，写成：yi(衣)，ya(呀)，ye(耶)，yao(腰)，you(忧)，yan(烟)，yin(因)，yang(央)，ying(英)，yong(雍)。

u 行的韵母，前面没有声母的时候，写成 wu(乌)，wa(蛙)，wo(窝)，wai(歪)，wei(威)，wan(弯)，wen(温)，wang(汪)，weng(翁)。

ü 行的韵母跟声母 j，q，x 拼的时候，写成 ju(居)，qu(区)，xu(虚)，ü 上两点也省略；但是跟声母 l，n 拼的时候，仍然写成 lü(吕)，nü(女)。

(5)iou，uei，uen 前面加声母的时候，写成：iu，ui，un。例如 niu(牛)，gui(归)，lun(论)。

(6)在给汉字注音的时候，为了使拼式简短，ng 可以省作 ŋ。

四、声调符号

阴平	阳平	上声	去声
ˉ	ˊ	ˇ	ˋ

声调符号标在音节的主要母音上。轻声不标。

例如：

妈 mā	麻 má	马 mǎ	骂 mà	吗 ma
阴平	阳平	上声	去声	轻声

读书笔记

读书笔记

五、隔音符号

a，o，e开头的音节连接在其他音节后面的时候，如果音节的界限发生混淆，用隔音符号(')隔开，例如 pi'ao(皮袄)。

主要参考文献

[1] 吴民，韩立凡．计算机操作与应用(WINDOWS XP＋OFFICE 2003)．第二版．北京：人民邮电出版社，2010．

[2] 韩立凡，吴民．计算机操作与应用实训．第二版．北京：人民邮电出版社，2010．